儿童性格养成与发展

王　敏◎著

中国书籍出版社
China Book Press

图书在版编目 (CIP) 数据

儿童性格养成与发展 / 王敏著 . –– 北京：中国书籍出版社 , 2023.3

ISBN 978-7-5068-9371-8

Ⅰ . ①儿… Ⅱ . ①王… Ⅲ . ①性格 – 儿童心理学 Ⅳ . ① B844.1

中国版本图书馆 CIP 数据核字（2023）第 051904 号

儿童性格养成与发展

王 敏 著

责任编辑	邹 浩
责任印制	孙马飞 马 芝
封面设计	马静静
出版发行	中国书籍出版社
地 址	北京市丰台区三路居路 97 号 (邮编：100073)
电 话	（010）52257143（总编室） （010）52257140（发行部）
电子邮箱	eo@chinabp.com.cn
经 销	全国新华书店
印 厂	三河市德贤弘印务有限公司
开 本	710 毫米 × 1000 毫米 1/16
字 数	162 千字
印 张	14
版 次	2023 年 4 月第 1 版
印 次	2023 年 4 月第 1 次印刷
书 号	ISBN 978-7-5068-9371-8
定 价	56.00 元

前　言

　　性格深深影响着个体世界观、价值观、人生观的形成，以及人生的发展方向，儿童期则是性格养成的关键时期。

　　性格良好的孩子乐观、自信、开朗，能和周边的人友好相处；他们在面对挫折时会积极地开动脑筋，想办法解决问题；他们更乐于分享，有着更高的感知力、同理心和情商……

　　良好的性格能让孩子受益终生，拥有更好的人生。所以，身为家长，不仅要关心孩子的身体和智力发展，还要注重对孩子良好性格的培养，从生活细节处着手来引导和教育孩子，给予孩子好的教养。

　　本书致力于破解孩子的性格密码，诠释孩子的成长规律，帮助父母发现孩子的性格优势，改变孩子的性格弱点。首先，本书详细解析儿童的性格是如何形成的，带你正确认识儿童的性格类型，尊重儿童不同的性格特点。其次，本书细致解读儿童的性格色彩，引你走向儿童的多彩性格世界；指出儿童性格塑造的重点和要点，带你认识儿童的"好性格"与"坏性格"；说明儿童性格养成的注意事项，帮你矫正儿童常见的不良性格；分享改善与优化儿童性格的相关技巧，助你点亮孩子性格的光芒。最后，本书点明爱的重要性和正面家庭教育的意义，引导父母重视沟通、用心呵护，让孩子在爱中成长，养成良好性格。

本书从儿童心理学的角度出发，将科学的教育观念与生活中的鲜活案例相结合，全面探讨了儿童性格塑造、养成、优化等多方面的内容，行文流畅、逻辑缜密、娓娓道来，为广大父母提供了可操作的教育方案，有助于父母认识儿童性格特色，及时矫正儿童不良性格及行为习惯。

用心呵护，用爱浇灌，孩子才能健康成长。阅读本书，理解、掌握书中介绍的教育理念，实践科学的教育方法，逐步走进孩子的内心世界，帮助孩子弥补性格上的不足之处，助力他们拥抱幸福，拥有美好的未来。

作 者

2022 年 8 月

目 录

第六章

性格优化，给儿童足够的成长空间 / 139

第七章

以爱滋养，好性格让孩子受益一生 / 179

第一章

性格探秘，
儿童的性格是如何形成的

生活中，每一个儿童的性格都不尽相同。有活泼机灵的，有内向害羞的，有大胆勇敢的，也有胆小懦弱的。那么，儿童的性格是如何形成的呢？造成儿童不同性格的原因又是什么呢？实际上，儿童性格的形成既受先天遗传因素的影响，又和儿童自身的家庭教育与家庭环境有关，还和儿童所面对的社会环境有着一定的联系，需要具体问题具体分析。

儿童性格的影响因素

儿童时期，是人生成长发育的关键期。在这一阶段，儿童性格的养成和健康发展，会直接影响到他们日后的人生发展。所以，在儿童的启蒙教育阶段，父母不仅要注重孩子的知识、思想、世界观、价值观的培养教育，而且要时刻观察孩子在成长过程中的性格塑造，让孩子从小就养成一个好的性格。

孩子的性格是天生的吗

生活中，常常会听到一些家长这样评价他们的孩子："我儿子调皮好动，不听话，说了多少次也不见效果。没办法，他生来就是这样的一个性格，看来很难改正了，真让人头疼。"

"我家的孩子太内向了，在家里还好点，有说有笑；一旦到了公众场合，害羞腼腆，不敢大胆地去社交。她从小就这样，看来是天生的，我也只能接受，希望她能健健康康成长就行。"

其他诸如孩子性情暴躁、做事不专注、缺乏耐心等抱怨和评价还有很多。这些父母想当然地认为，孩子所表现出来的性格特征是"天生如此"，没有办法加以矫正和改变，只能被动地接受。

然而，事实真的如此吗？显然，那些在潜意识里认为孩子的性格、性情是先天形成的父母，一方面是因为还没有充分认识到孩子的性格养成和后天的环境与教育引导之间有着密切的关系；另一方面，之所以有这样固执的思维和看法，其实也是缺乏责任心的一种现实表现，有意或无意地为自己没能好好引导孩子、没有培养他们养成一个良好的性格而推脱责任。

客观地说，孩子们在生活中的性格表现，遗传了父母的一些性格特征基因。但这并不是最主要的，孩子性格养成和后天的生活环境有着莫大的关系。

儿童性格影响因素分析

美国著名人类学家布朗芬布伦纳提出的生态系统理论告诉我们，个体行为心理深深受到环境的影响，而个体所生存的环境可分为四个层次，即微系统、中间系统、外层系统、宏观系统。

微系统指的是个体活动的直接环境。对于孩童而言，具体指的是家庭环境（父母教养方式、家庭氛围等）和学校环境（师幼关系、同伴关系等）。中间系统包含亲戚关系、邻里关系等要素。外层系统由儿童社会机构、组织等构成。宏观系统则主要囊括社会文化等因素。

此处主要从儿童成长环境的微系统出发，说明儿童性格的影响因素。

良好的家庭氛围

每一个孩子来到这个人世间，都是在一个个特定的家庭中成长的，这也是和孩子关系最为密切的生活环境。

如果一个家庭内部氛围和谐温馨，各个家庭成员之间也能做到相互尊重、相互包容和鼓励，在这种团结温暖的家庭氛围中成长起来的孩子，内心会充满喜悦和欢乐，他们也将会因此形成积极向上、阳光活泼的性格，对未来充满憧憬与期望，向阳而生。

反过来，如果家庭氛围不和谐，家庭成员彼此之间冷漠以对，严重时父母长辈甚至会采取暴力的方式来解决问题。不言而喻，在这种家庭氛围下成长起来的孩子，内心缺乏必要的安全感，在压抑和恐惧之下，他们其中的大多数，会在潜移默化中形成自私、焦虑、敏感、多疑等性格特征，自我的人生发展也会因此蒙上一层厚厚的阴影。

好的家庭教育和代代传承的优良家风

在儿童性格养成的诸多要素之中，和谐有爱的家庭氛围固然重要，但也离不开好的家庭教育以及质朴厚重的优良家风的熏陶。

有些父母常会简单地认为，给孩子以爱和关怀，营造一个温馨的家庭氛围，孩子就能养成一个好的性情。

诚然，和谐有爱的家庭氛围很重要，然而还需要父母进一步明白的是，爱孩子绝不是对他们无原则地溺爱，必要的家庭教育也不可或缺。

当孩子做错事情的时候，要告诉他们怎么错了，又该如何去改正。比如孩子出现浪费食物的行为时，父母长辈要给予及时的引导教育，让他们认识到浪费是一种错误的行为。这样，适时的纠正与正确的教导，对塑造孩子良好的性情特征有着重要的作用。

质朴厚重的家风，对孩子性格养成的影响力也不可忽视。仔细观察生活不难发现，一代代传承下来的优良家风，是一种无声的教育和无形的力量，它会让孩子形成稳重从容、诚实守信、坚毅果敢的好性格、好品德，对他们的人生成长有着莫大的益处。

孩子在家庭中的地位

现代社会中，孩子是父母长辈心目中的"心肝宝贝"。在日常生活中，家中所有人都会竭尽所能地为孩子提供优渥的生活条件，在衣食住行、吃穿用度方面呵护备至，孩子也就很自然地成了家庭的中心。

然而，过分的疼爱，会让孩子养成自私自利的骄纵性格，一切以自我为中心，从不会考虑他人的感受，缺乏同情心和同理心。长此以往，一旦孩子身上的不良性格定型，就很难再有所改变了。

学校教育和校园环境

外部环境，包括幼儿园在内的学校教育和校园氛围，也会在一定程度上影响孩子性格的养成。

对于孩子而言，学校是除了家庭之外，另一个非常重要的人生成长环境，学校里的师德、校风以及班集体的氛围等，都会对儿童性格的塑造产生或大或小的影响作用。良好的校风和师德，对孩子积极向上的性格塑造，会起到很好的引导作用。

可见，孩子的性格的形成，是多方面因素共同作用的结果。除先天性的遗传因素之外，他们所面对的后天成长环境，也起到了至关重要的作用。

【性格滋养】

家庭，是儿童重要的生活环境。充满温暖、有爱的和谐家庭氛围，会让孩子的心灵得到充分的放松和滋养，促使他们健康快乐地成长，让他们养成积极自信、宽容友善的性格特征。

明白了这一点，家长就应多为孩子创造良好的生活环境，这样就能让他们的情商和智商得到全面的发展与提升，助力孩子们的人生成长。

儿童性格的发展规律与特征

在儿童性格的养成和发展上，有没有一定的内在规律和特征呢？答案当然是肯定的。儿童的性格发展，存在着一定的规律性。正如中国一句古话常说的那样："三岁看大，七岁看老。"孩子在童年时期养成的性情特征，会伴随着他们一生的成长。因此，只有深入认识和了解儿童性格发展的规律与特征，才能引导孩子塑造出良好的性格特征。

孩子的性格养成，遵循着渐进变化的发展规律

生活中，一些细心的父母往往会有这样的发现：随着孩子一天天

长大，他们的性情特征也在悄然间发生着变化。

比如原本活泼可爱的孩子，好像一夜之间变得不那么爱说话了，安静沉稳了许多；原本好脾气的孩子，却忽然变得急躁起来，曾经乖巧懂事的模样不见了，被易怒暴躁的性情所取代……

凡此种种，家长们自然会心生疑问：我家孩子究竟怎么了？为什么他们身上的性情特征，随着年龄的增长，会有这样巨大的反差表现呢？他们会不会因此出现什么心理问题呢？

实际上，对于孩子性格的变化，家长不必太过忧虑。孩子性格方面的变化，其实是儿童自身性情发展规律的外在体现。大多数时候，只要以适当的方式加以引导即可。

萱萱是一个3岁的女孩。在父母眼中，3岁前的萱萱，可爱活泼，懂事乖巧。谁知从3岁左右起，萱萱的性格特征出现了较大的变化，变得不那么听话了，甚至还有点小任性。

比如妈妈带她上街购物，看到好玩的玩具，萱萱就要求妈妈给她买下来。如果要求得不到满足，萱萱就会哭闹，甚至会拿出"撒泼耍赖"的招数逼迫妈妈就范，有时在大庭广众下，场面非常尴尬。

以前的萱萱可不是这样，每次和妈妈上街，遇到心仪的零食玩具，她从不会缠着妈妈非要购买不可。有时妈妈看着她渴望的小眼神，主动给她买下来，萱萱这才会高高兴兴地接受。

然而现在的萱萱，好像变了一个人似的，不仅在购物上和妈妈"对着干"；日常生活中，妈妈无论说什么，她都会"不"字当头，执拗的劲头儿，让萱萱的妈妈也常常哭笑不得，无可奈何。

萱萱的妈妈为此很是担心，但后来她和其他宝妈交流后，才得知她们也有类似的烦恼。与萱萱同龄的这些孩子大多变得有些任性和难缠，一旦要求得不到满足，有些孩子就会直接趴在地上不起来，直到他们的要求得到满足为止。

萱萱的妈妈由此意识到，自家孩子性情上的变化，是儿童成长期中的一个共性规律，没必要为此大动肝火。

儿童性格发展变化规律与特征的再认识

从儿童的成长阶段来看，大致可以分为婴儿期、幼儿期、学龄期三个阶段。那么，在不同的年龄段，儿童性格发展的规律和特征都有哪些表现呢？

婴儿期

0岁到3岁，这一阶段的孩子处于婴儿期。婴儿期的孩子需要来自父母，尤其是妈妈的呵护和陪伴。有妈妈在身边，他们能够得到精心的照料，就会在潜意识里获得高度的满足感和安全感，和身边熟悉的亲人会逐步建立信任感，在性情特征上也会表现得开心快乐。

反之，如果婴儿期的孩子缺乏父母的陪伴和照料，他们大多会有焦虑、不安和恐惧的行为表现。等到他们逐步成长起来后，在性格特征上，也常会形成自卑、内向、孤僻的性格，不愿面对陌生人，对正常社交有畏惧心理。

孩子在成长的过程中，逐步学会了走路、吃饭等一些基本的自主行为，自我意识也在逐步形成。

这时的他们，会有意识地主动表达自己的意愿，或者做出一些动作。比如他们会抗拒父母的喂食，想自己拿起勺子吃饭；东西掉在了地上，更愿意自己亲自捡拾起来；想要得到的东西如果得不到满足，也会以哭闹的方式来表达自我的不满。

显然，这一阶段的儿童，在性格养成上已经有了初步的萌芽状态，父母应当及时察觉到孩子的这一变化，不要过多地限制他们的行为，否则会让孩子做事畏手畏脚，影响孩子独立意识的正常发展。

这一时期的儿童如果遭受到一些伤害，可能会在幼小的心灵上留下一些难以抹去的伤痕，如果父母不能及时有效地加以弥补和引导，就有可能对孩子的性格产生不良影响。

幼儿期

3岁到6岁，这一阶段的孩子处于幼儿期。在这一成长发育过程中，孩子的性格特征已经开始逐步形成了，如勇于冒险、好奇心强、争强好胜等。

在这一时期，父母的言传身教、良好的家庭氛围和优良的家风，对孩子性格的塑造会起到相当大的影响。

如果父母不注重这一时期对孩子性格的培养和引导，反而动不动就指责他们，说孩子"笨手笨脚"，或批评孩子没出息，处处打击他们的自尊心，那么在这样的家庭氛围下成长起来的孩子，性格上多会具有胆小、自卑等特征。

因此，对于3岁到6岁的孩子，当父母察觉到孩子有不良的性格发展倾向时，要及时帮助孩子树立阳光自信的心态，以促成孩子良好性格的形成。

🐝 学龄期

从 6 岁之后开始，正式进入学龄期的孩子，自主意识进一步得以形成，性格特征也逐步定型。

作为父母，此时应多注意自身的言行举止，不要随意挫伤孩子的积极性，不要拿别人家孩子身上的优点来对比自家孩子身上的缺点。这样做只会导致孩子更加叛逆，进而形成不良的性格特征。

学龄期父母对待孩子的正确做法是：多陪伴，多沟通，及时化解与疏导孩子成长过程中的心理问题，促使他们的性格、性情向好的方向发展。

儿童性格与原生家庭

家庭，是儿童生活成长的主要空间和场所，也是孩子们人生观、世界观、价值观逐步萌芽、成型的重要外部环境。在一个原生家庭内部，一个好的家庭氛围，能够让孩子从中感受到温暖和爱，孩子的性格也可以从中得到良好的塑造。

你是否了解原生家庭

当今社会，原生家庭是一个被人们谈论较多的话题，很多人在追寻自我性格形成的成因时，常常会在记忆深处搜寻那一幕幕难忘的童年时光，从中反思、总结、分析，期望找到自己想要的答案。那么，什么是原生家庭呢？在现实生活中，它又可以分为哪些类型呢？

在社会学专家的眼中，他们对原生家庭概念内涵与外延的论述非常清晰。他们眼中的原生家庭，指的是在一个家庭内部，父母和未婚子女之间形成的一种家庭成员关系。简单地说，未婚子女及其父母是原生家庭的构成要素。

梳理原生家庭的类型，不外乎有这样几种较有代表性的家庭。

一是和谐有爱的原生家庭。在这样的一个家庭内部，父母恩爱，感情美满，他们对子女也非常关爱，一家人团结和睦。遇到问题时，所有的家庭成员也都能平心静气地坐在一起，敞开心扉交流沟通，气氛融洽和睦，给人一种满满的幸福感。

二是强权家庭。什么是强权的原生家庭呢？在这样的家庭内部，父母双方或其中的一方，性格强势，控制欲强，他们往往忽略子女的正当需求，也不允许子女有过多的行为自由，一切都要按照他们的意愿行事。一旦子女有所违背，哪怕他们的行为方式是正确的，也会遭受强势父母的打压，从不论青红皂白。

强权家庭中的父母，也许并不是不爱自己的孩子，只是他们对孩子有着过高的期望与要求，在这种心理目标的驱使下，他们常常过分严厉地管教孩子，不给孩子一点自由的空间，令孩子倍感压抑。

三是暴力家庭。在这种原生家庭内部，父母身上存在着暴力行为。这种暴力，又可以进一步分为身体暴力和冷暴力。

身体暴力方面，在这些家庭中，父母对"棍棒之下出孝子"的理念深信不疑，认为教育孩子，说理的作用不明显，比不上对孩子施加身体暴力的效果。因此，一旦孩子犯了哪怕是一个很小的错误，他们也会因此怒气冲冲，在孩子身上实施暴力行为，给孩子幼小的心灵带来严重的伤害。

也有一些父母，在外面遇到了糟心事，回家就会把怒气撒到孩子身上；也会因为心情恶劣的缘故，时不时无缘无故地对孩子实施暴力行为。

冷暴力方面，有些父母和孩子在亲子关系上出现了矛盾冲突时，他们不是去积极主动地和孩子交流沟通，而是在较长的时间内对孩子不理不睬。这种冷暴力虽然不像身体暴力那样，对孩子的身体造成伤害，却深深刺伤了孩子的心灵，造成精神上的打击。

四是父母感情分裂的家庭。在这种原生家庭内部，父母双方因为各个方面的问题，感情生活亮起了"红灯"，相看两厌，要么是彼此冷漠以对，要么是动不动就当着孩子的面大吵大闹，一点鸡毛蒜皮的小事，都会导致家庭"战火"的爆发。

在这样的家庭环境中，孩子感受不到一丝半毫的亲情味道。感觉被父母抛弃的孩子，也会因此变得自闭消沉起来，在同龄的小伙伴中间，他们也常表现得内向自卑。

不同原生家庭中的孩子，性格发展迥然有异

儿童的性格养成，先天性的遗传因素仅仅占据了很小的比例。关键还在于他们后天的生活环境。其中，原生家庭作为影响孩子童年生活成长的重要环境因素，对孩子的性格发展，会产生较大的影响。而

生活在不同原生家庭中的孩子，他们的性格塑造和养成，也会有着巨大的差别。

英阳是一名小学一年级的学生。在学校里面，英阳是一个勇敢、自信、富有爱心的孩子，也是大家眼中的"社交达人"，组织能力非常强，深受老师和同学们的喜爱。

英阳有这样的一个好性格，完全和他的原生家庭有关。英阳的父母非常注重对孩子性格方面的培养塑造，为此他们在家庭内部营造出一种民主宽松的氛围，家里需要做一些决定时，每一个家庭成员都可以参加，并能充分发表自己的意见和看法，谁说得有道理，就采纳谁的建议。

比如夏天来了，家里旧空调制冷效果不佳，需要采购新空调。英阳的父母就会和英阳一起，对照市面上的空调品牌，逐一研究，最后综合大家的意见，然后决定最终的购买意向。

除此之外，英阳的父母对待儿子的兴趣爱好也极为支持。在他们看来，只要是正当的爱好，能够益智健脑，又不耽误文化知识的学习，就应当多鼓励孩子，因为广泛的兴趣爱好，会让孩子的性格更加开朗活泼。

显然，英阳的父母在家庭内部一直将孩子视为一个独立平等的个体，能够始终给予儿子足够的尊重和支持，大胆鼓励儿子勇于表达内心的感受和想法。由此，英阳能够成长为一个阳光自信的小小少年，是情理之中的。

和英阳相比，浩浩的原生家庭却是另外一番模样。他的父母感情破裂，两人经常当着浩浩的面爆发激烈的争吵，丝毫不顾及浩浩的感受。因此，很多时候，浩浩即使放了学，也迟迟不愿回到自己的家，他害怕面对父母无休无止的争吵。久而久之，原本性情还算开朗的浩浩，变得内向起来。

显而易见，对于孩子的性格养成，原生家庭的影响起到了一个至关重要的作用。换言之，孩子在什么样的原生家庭环境中长大，都会在他们的性格上表现出来。比如在暴力型原生家庭中成长起来的孩子，性格多极端、冷漠；而在强权型原生家庭中长大的孩子，多懦弱内向，缺乏主见。

而那些阳光自信、积极快乐的孩子，观察他们背后的原生家庭，一定是充满爱和关怀氛围的家庭，一家人相亲相爱，孩子的内心也因此充满幸福，这对他们良好的性格塑造，起到了极大的促进作用。

因此，身为父母，不妨静下心来想一想，你为自己的孩子创造了一个怎样的原生家庭环境呢?

父母在儿童性格养成与发展中扮演了什么角色

　　俗语常说："性格决定命运。"这句话告诉我们，一个人的人生发展和命运好坏，在很大程度上，都和他自身的性格有着莫大的关系。仔细观察生活不难发现，性格开朗、心胸宽阔的人，往往更容易取得人生事业上的成功；而那些拥有自卑、孤僻、内向等不良性格的人，往往会错失许多美好的机遇。

　　父母都希望自己的孩子能够在人生成长的过程中，养成好的性格，助力人生的成功发展。与此同时，为人父母者，也都应该扪心自问：在孩子的性格养成与发展上，自己的教养态度，以及自身所扮演的角色，对孩子的性格养成，究竟起到了一个怎样的影响呢？

父母的教养态度，是影响儿童性格养成的重要因素

父母的教养态度，蕴含着两层意思。一是养育孩子的方式，二是在孩子成长过程中秉持的教育理念。这两者对于孩子的性格养成产生着潜移默化的熏陶作用。

从养育孩子的方式上来看，父母正确的做法，应该是懂得尊重孩子，将孩子作为独立的个体来看待，而不是过分地干涉控制孩子，也不是无原则地迁就溺爱孩子。否则，只会让孩子的性格发展走向反面。

嘉瑞的父母，在养育孩子的方式上，就犯了溺爱的错误。他们夫妻俩一直忙于工作，三十岁的时候才有了嘉瑞，家庭条件不错的他们，在生活上尽量满足孩子的一切要求，要什么就买什么，家里面各种玩具、零食到处都是。

有同事曾善意地提醒嘉瑞的妈妈，让她不要无原则地满足孩子的要求，父母爱孩子无可厚非，但不要过度。

对于同事的提醒，嘉瑞妈妈不以为然，她振振有词地反击对方说："我小时候吃过不少苦，那时家里面不富裕，一年到头都难得买上两件新衣服，缺少一个快乐的童年。现在我们的生活条件变好了，对孩子好一点有什么错呢？"

殊不知，在这种溺爱环境中逐渐长大的嘉瑞，性格变得越来越自私霸道。妈妈带他去朋友家玩，看到朋友家小孩子的玩具，就不管不顾地抢到自己的手中，只能他一个人玩，其他人碰也不能碰，没有一点礼貌和教养。

在自己家中，嘉瑞更是霸道惯了。有一次，爸爸下班回来，尝了一点买给嘉瑞的零食。嘉瑞看到后，大哭大闹，不依不饶，非要爸爸赔偿他的零食不可。无论妈妈在一边如何哄劝也无济于事，整整闹腾了大半个晚上。

直到此时，嘉瑞的父母才意识到在养育孩子的方式上出现了错误。无原则的溺爱，让孩子变得自私任性、霸道刁蛮。这种性格一旦定型，将会毁掉孩子的一生。

所以说，仅仅知道爱孩子，并不代表就是合格的父母，最为关键的是，在爱的前提下，要对孩子有一个正确的养育方式，过于放纵或过于严苛，都是不可取的。

生活中，一些父母认为教育孩子就是要多在孩子的学习成绩和智力提升上下功夫就行了，其他都无关紧要。因此我们也经常看到，一心扑在孩子学习成绩上的父母，往往会采用专制、威胁、控制等教育手段来逼迫孩子，希望他们能够按照自己预想的目标发展，还美其名曰"这样做都是为了你好""听父母的话就是好孩子"，完全忽视了孩子的性格养成问题。

显然，在这种教育理念下成长的孩子，完全成了为了学习而学习的"学习机器"，他们的性格、人格以及品行的塑造，全部被忽略甚至抹杀掉了。

在一个家庭内部，教育方式无比重要。父母需要了解清楚的是，孩子的成长不仅仅表现在学习成绩这一个方面，还要让孩子获得性格、德行等方面的全方位发展，否则会让孩子的性情变得压抑、自卑，不利于他们的健康成长。

在孩子性格塑造上，父母的角色扮演对了吗

在家庭中，对于孩子而言，他们最希望父母扮演怎样的角色呢？

显然，孩子需要的不仅仅是父母生活上的支持，他们更需要在自己遇到困难与挫折时，能够得到来自父母的安慰和鼓励，在自己感到困惑和迷茫时，也能够从父母那里寻求到坚定的信任和支持。

真正爱孩子的父母，不仅能够给孩子提供必要的物质生活条件，还要将培育孩子的重心放在他们的性格塑造上，当孩子拥有了良好的性格之后，也就掌握了人生向上发展的"密码"。

因此，在孩子性格养成和发展上，父母应当这样做。

父母要成为孩子的呵护者

爱，可以使孩子的生命成长获得充足的滋养。在一个家庭内部，父母关系融洽，家庭氛围和谐轻松，在这种"润物细无声"的家庭生活环境下，孩子会在这种健康有爱的"土壤"中茁壮成长，他们的性格也会因此变得开朗、自信、和善。

明白了这一点，在日常生活中，父母应成为孩子的呵护者，让孩子能够感受到来自父母的爱和关怀，这对他们良好的性格养成将会起到积极的引导作用。

父母要成为孩子人生发展的引导者

孩子从呱呱坠地那一天起，就生活在父母的养育和教导之下。在自我人生成长的过程中，孩子对于外部世界的认知和适应，都需要父母给予正确的教育引导。

比如在学习问题上，如果父母过分强调孩子的学习成绩，将学习好坏作为评价孩子的唯一标杆，这样的父母自然是不合格的。要知道在学习之外，孩子的性格、品行也至关重要。因此作为父母，应当扮演好自身"好向导"的角色，培育孩子正确的人生观、世界观和价值观，让他们拥有更为广阔的发展前景。

父母要扮演好"权威"的角色

父母在爱孩子的同时，还应注重塑造自身在家庭内部"权威"的角色。当孩子犯了错误，父母能够去教导约束他们，避免他们在错误的道路上越走越远。

当然，父母还应明白的是，扮演"权威"角色，并不是对孩子横加干涉和控制，这里面需要掌握一个合理的度，提醒、纠正、规范孩子的言行举止是前提，而对孩子正常的兴趣爱好和人生选择，要学会尊重。

父母要成为孩子的好朋友、好伙伴

在"权威"角色之外，日常生活中的父母，应该放下身段，学会和孩子之间展开平等的交流对话，倾听他们内心的真实想法和情感诉求，真正走入他们的内心深处。

这样做，孩子能够充分感受到来自父母的尊重和理解，这对他们良好的性格塑造有着积极的作用。

父母要成为孩子的榜样

任何一个家庭中，好的家风、家教是关键，对孩子的性格养成有着潜移默化的影响作用。因此，在平日里的生活中，父母要从自身做起，无论是行为习惯，还是个人的品行意志，都要去严格地要求自我，以实际行动做表率，成为孩子学习效仿的好榜样。

【性格滋养】

父母是孩子的第一任老师。在孩子的性格养成上，父母的教养态度与方式起着至关重要的引导作用。因此，在日常生活中，父母在以身作则、扮演好合格父母的同时，还要多去仔细观察孩子的行为表现，分析他们现时的性格特征，结合自身实际，适当调整针对孩子的教育方式，让孩子朝着更好的方向发展。

第二章

性格透视，
每个儿童都是独一无二的

世界上没有两片完全一模一样的树叶，同理，对于每一位降临到这个人世间的孩子来说也是如此，每一个孩子也都是独一无二的。并且在他们的生命成长过程中，不同的儿童个体，也形成了各自独特的性格特征，也由此构成了他们绚烂多彩的童年世界。

进一步说，对于孩子在成长过程中所形成的不同性格特征，作为父母，最为重要的是应当学会尊重和肯定，根据孩子自身的性情特点，以正确、恰当的教育方式，因势利导。

认识九型人格

　　人格是什么呢？从心理学角度来看，人格是指一个人显著的性格、特征、态度以及行为习惯的有机结合。简单地说，人格特指人所具有的个性特征。那么，什么是"九型人格"，它又具体可以分为哪几大类型呢？

　　实际上，九型人格是一门关于人格划分的学问。如果人们能够深入了解这一人格分类的内容，将有助于我们充分认识自身的性格特征表现，同时也能更好地去了解身边人的性格特质。对于广大的父母来说，学习和掌握九型人格，能够让他们在子女的性格塑造上有更为清晰的认知。

　　具体到九型人格，它可以分为完美型、助人型、成就型、自我型、理智型、忠诚型、活跃型、领袖型以及和平型，共九大类别。

完美型人格

完美型人格指的是不断追求进步，时时处处要求自己做到尽善尽美的一类人。

这一人格的主要特征表现是，原则性极强，遇到问题不会轻易放弃或妥协；对自己也包括对身边人，都有着过高的要求。他们在自己追求发展进步的同时，还会不断地反思，或是去纠正身边人身上存在的种种错误。

具有这一人格的人，做事诚实守信，有始有终，拥有坚强的意志和毅力，掌控欲强。

具体到儿童身上，具有完美型人格的孩子，做事非常有条理，以追求完美为第一。生活中的他们，常会为了满足父母或师长的期望，而不断地自我加压、自我努力。比如在某一件事情上，如果认为自己做错了，或者是做得不够，会为此自责痛苦。

助人型人格

助人型人格指的是喜欢帮助他人，通过帮助他人来获得爱和关注的一类人。

这一人格的主要特征表现是，渴望被爱，或者是希望拥有良好的人际关系。在为人处世上，常会牺牲自己，迁就他人，总是拥有一副热心肠，一旦能够通过自己的努力帮助到他人，自我就能从中获得极大的满足感和成就感。

具有这一人格的人，性格友善温和，不过常会隐藏内心真实的需求与想法。在人际交往上，他们对人慷慨大方，在他们眼中，宁愿忽略自己，也要让别人获得满足，在帮助他人的过程中获得自我价值的肯定，也会因此感到自豪和骄傲，存在着一定的占有欲和控制欲。

具体到儿童身上，具有助力型人格的孩子，性格温顺乖巧，热心助人，会主动去帮助身边那些需要帮助的人。生活中的他们，常会顾及他人的感受与需求，通过主动付出等方式，来换取身边人对他们的好感。

成就型人格

成就型人格指的是热衷追求成果，认为只有自己获得了一定的成就，才能被爱、被关注的一类人。

这一人格的主要特征表现是，争强好胜心较强，喜欢与人比较，也希望自己与众不同，备受瞩目。

具有这一人格的人，自信心强，精力充沛且风趣幽默，为人处世也较为圆滑，注重个人外在形象。同时他们喜欢接受挑战，目标坚定；但也有着一定的自恋行为表现，下意识里会和他人保持一定的距离。

具体到儿童身上，具有成就型人格的孩子，希望得到父母、师长更多的赞美和肯定。比如他们会在周围人的夸奖中，得到了极大的满足，由此喜欢用成就来证明自己。

自我型人格

自我型人格指的是喜爱追求独特，担心自己因为不够特立独行而缺乏周围人关注的一类人。

这一人格的主要特征表现是，比较情绪化，害怕被人拒绝，生活上喜欢我行我素，常会自我反省。

在性情特质上，具有这一人格的人，多愁善感，常会因此意志消沉。

在人际交往上，拥有自我型人格的人，做事随性洒脱，不过容易产生嫉妒心理，也极易自恋。

具体到儿童身上，具有自我型人格的孩子，喜爱幻想，做事富有创意，爱坚持己见；性格方面也较为敏感，在行为处事上，常会带有一些情绪化、自我化的特征。

理智型人格

理智型人格指的是热爱学习，认为如果自身缺乏才华，就不会被爱、被关注的一类人。

这一人格的主要特征表现是，性情孤僻，喜爱独处，善于思考，看重精神生活。

具有这一人格的人，温文儒雅，拥有较为渊博的知识，条理性强。不过性格内向，表达能力较弱。在人际交往上，他们喜欢与人保持一定的距离。

具体到儿童身上，具有理智型人格的孩子，追求独立，做事较为冷静，喜爱阅读学习，不愿主动和他人交往。和这类孩子相处，父母要懂得尊重他们的决定，不强行为他们做主。

忠诚型人格

忠诚型人格指的是为人诚实，对人、对事非常忠诚的一类人。另一方面，缺乏安全感的他们，渴望得到更多的爱和关怀。

具有这一人格的人，机敏谨慎，遵守规则，不过遇到问题时容易逃避。在人际交往上，他们有一个好人缘，也因此被人所喜爱。

具体到儿童身上，具有忠诚型人格的孩子，为人友善可爱，希望能够更多地得到父母长辈的喜欢和爱；做事积极主动，认真负责。

活跃型人格

活跃型人格指的是追求快乐生活的一类人，在他们的眼中，快乐是他们获得爱的源泉。

具有这一人格的人，多才多艺，热情开朗，心态轻松，喜欢新鲜有趣的事物。在人际交往上，他们精力充沛，热爱结交朋友。

具体到儿童身上，具有活跃型人格的孩子，为人乐观积极，活泼好动，喜欢无拘无束；对新奇的事物，有着强烈的探索欲望。

领袖型人格

领袖型人格指的是喜爱追求权力，喜欢让自己看起来有实力的一类人。

具有这一人格的人，有正义感，不拘小节，常会以自我为中心，喜欢拥有领导权威，属于果断的行动派，容易意气用事。在人际交往上，他们不愿被人控制，喜欢支配他人。

具体到儿童身上，具有领袖型人格的孩子，性情上大大咧咧，立场坚定，敢作敢为；遇事常喜欢替别人做主，在困难面前不会轻易认输。

和平型人格

和平型人格指的是热爱和平，性情上和善温顺的一类人。

具有这一人格的人，不轻易拒绝他人，性情温和，远离矛盾冲突，注意力集中度较差，做事较拖沓。在人际交往上，他们容易与人相处，不过做事常优柔寡断，害怕问题和矛盾。

具体到儿童身上，具有和平型人格的孩子，文静乖巧，谦虚忍让，在遇到矛盾冲突时，不爱和他人争执，会主动退让。

了解儿童的性格类型

现实生活中，如果仔细观察的话，就不难发现，每一个儿童都有着各自的性格特征。或者说，不同的儿童，他们所属的性格类型存在着大小不一的差异。

那么，儿童的性格类型大致可以分为哪几种呢？

力量型性格

力量型也被称作主控型。这一性格类型的孩子，大多具有领导者的气质，他们内心的主导意识，也常常是"一切由我们说了算"。

在性格表现上，具有力量型性格的孩子，性格大多外向、勇敢，极具冒险精神，敢作敢当；对外界的适应能力也较强，个性鲜明，富有创造性，是同龄儿童眼中的"孩子王"。

不过，他们行动处事时往往较为急躁一些，喜欢以自我为中心，规则意识较差，不愿受条条框框的约束。

比如在和同伴们玩耍时，喜欢制定有利于自己的游戏规则，倘若中途规则出现了变化，不利于自己时，就会不顾他人的反对，重新制定新的规则。

对于力量型性格类型的孩子，家长在教育他们的时候，要学会和他们平等相处，如果试图用权威等方式去压制他们，并不能取得理想的效果，反而会适得其反，引发他们的抗争和叛逆行为。

正确的做法是，父母应当和孩子交流沟通，一方面要告诉孩子"没有规矩不成方圆"的道理，在他们的心目中逐步树立规则意识。

另一方面，父母平时还应多去鼓励他们，给他们以自由的选择权。因为在这些孩子的心目中，如果时时处处得不到父母的肯定，家长还常常以"你还这么小，这件事情你根本做不了"等为借口，阻挡他们去完成任务目标的挑战，会让他们有一种被否定的心理错觉。

所以，当这一性格类型的孩子有尝试新鲜事物的勇气时，父母要多肯定他们，给他们试错的机会，然后再帮助他们分析其中的利弊，提出更为合理化的建议，这样做比一味"高压管教"的效果要好得多。

人际型性格

人际型也被称为表现型或活泼型。这一性格类型的孩子，在外在表现上，大多活泼大方，开朗热情，幽默有趣；常会为他人着想，拥有较强的同情心和同理心，对生活和大自然都充满无限的热爱。

在人际交往中，他们从不会感到陌生和孤单，善于和人交流沟通，能够很快和周围人打成一片，是大家眼中"开心果"般的存在。

不过，他们有时太爱表现自己，或者是对人热情过度。做事的时候，注意力往往不会太集中，缺乏专注力，组织规划能力也较弱。

对于人际型性格类型的孩子，家长在教育他们的时候，针对他们耐心和毅力较差的特点，要多去肯定和夸赞他们，让这一性格类型的孩子在做事时，有坚持下去的勇气，不要一遇到困难就害怕吃苦而不敢迎难而上。

当然，对于这类孩子较强的表现欲，父母也应适时地去提醒他们，注意合适的场合，避免因过度表现而出现"喧宾夺主"的情况。

比如家里来了客人，这类孩子热情活泼的性格，有利于活跃气氛。然而孩子太过表现，会让客人感到一些尴尬，影响主客之间的正常交流。因此，要在尊重孩子个性的基础上，注意适当约束孩子的行为。

亲切型性格

亲切型又被称作和平型。这一性格类型的孩子，在外在表现上，大多性情沉稳、内敛、随和，平日里不爱多说话。如果条件允许的话，他们还喜欢安安静静地独处，喜欢一个人安静的状态。

在人际交往中，这一性格类型的孩子，一般不爱发表自己的意见和看法；对于别人的提议，只要不过分触及自我的切身利益，他们也很少提出反对意见，也不会轻易拒绝别人的提议，倾向于安安静静地服从。和他们在一起，会给人以非常好相处的感受，所以在与人交往中，他们常会被人夸赞有一个"好人缘"。

不过，他们有时会胆小怕事，做事时存在着拖沓的行为习惯。

对于亲切型性格类型的孩子，家长在教育他们的时候，要给予他们更多的关怀，付出更多一些的耐心，以温和的方式和他们相处。

如果他们犯了错误，也不要去过分地批评他们。因为在这些孩子的内心深处有强烈的自尊心，他们会反思自我，及时纠错。父母和这类孩子正确的相处方式，是在生活中要多给他们肯定和支持，这样会让这些孩子变得越来越自信，逐渐改变他们做事拖沓的习惯。

理性型性格

理性型又被称作完美型。这一性格类型的孩子，在外在表现上，大多勤奋安静、低调沉稳。在为人处世上善于思考，做事极具条理性，注重对细节的追求，喜欢事事做到完美极致。

日常生活中，他们是最遵守规则的一类人，即使身边没有人去监督他们，他们依旧能安安静静地做事，并力求将事情做到尽善尽美。

他们富有激情，对美好的事物有天生的追求和向往之情。

不过，他们一般不愿意参加过多的社交，喜欢享受独处的感觉；性情敏感多疑，因为太过注重细节，所以也常会"钻牛角尖"。

对于理性型性格类型的孩子，家长在教育他们的时候，要从他们的性格特征入手，告诉他们做事时不妨粗线条一些，不要太过严苛，适当放松自我对完美的追求，以此来逐步培养他们的开阔的胸襟和气度。

耐性型性格

耐性型的孩子，在外在的性格特征上，大多性情平和，不愿和他人发生过多的矛盾冲突。因此在日常行为表现上，这一性格类型的孩子，大多循规蹈矩，安安稳稳。

耐性型孩子身上的特点也较为明显。比如在做事的时候，属于慢热型，但一旦投入进去，就能够从一而终坚持到底。他们的身上，往往有着一股强大的内在韧性，只要目标清晰，他们就能持之以恒地坚持下去。

此外，他们的性情相对软弱一些，和别人意见不一致或受到委屈时，不敢大胆地表达自我内心的不满。在优秀的同龄人面前，他们也往往会流露出一定的自卑情绪。

对于耐性型性格类型的孩子，家长在教育他们的时候，要多和他们互动，让他们感受到快乐，鼓励他们多去发现生活中的美好，让自我变得开朗活泼、勇敢自信起来。

【性格滋养】

生活中，每一个儿童都有着各自独特的性情特征。父母在培养和教育孩子时，要能够从他们的性格特征入手，有针对性地进行塑造引导。在儿童性格培养的共性上，要注重孩子开朗活泼性格的塑造，引导他们逐步养成具有独立性和果断性的行为习惯，做到行为独立、精神独立。除此之外，还要鼓励他们在耐力和自制力上多下功夫，养成良好的自律性和自觉性；同时还要不断提升自身的人际交往能力，以更好地适应社会的发展。

尊重儿童，每一种性格都值得被肯定

每一位儿童，他们的身上都有着自我独特的个性。如果做一个恰当比喻的话，他们就如一颗颗天然的珍珠一般，各有各的纹路和色泽，正因独特，才是最为难能可贵的。

为什么非要让孩子的个性千篇一律呢

生活中，常会听到一些父母这样说："我家孩子的个性怎么是这个样子呢？和别人家的孩子一点也不一样，如果能乖巧温顺一点该多好啊！"

"看看咱们邻居家的儿子，自信勇敢，性格外向；再看看咱家的孩子，性情实在是太怯懦了，如果能够再变得坚强些就好了。"

在孩子的成长过程中，父母类似这样的"抱怨"不胜枚举。毫无疑问，父母是深深爱着自己孩子的，也常竭尽所能给孩子提供最好的生活条件，希望他们能够快快乐乐、健健康康地长大成人。

然而在另一方面，正因为父母对孩子爱得深沉，他们最大的期望，就是期冀孩子成长为他们心目中的完美男孩、完美女孩。换言之，父母希望孩子能够长成他们理想中的那个模样。

但这些父母是否想过，自己内心的完美期望，是否背离了孩子独特个性自由成长的规律了呢？千篇一律的完美个性，又是否会让孩子失去他们身上最为闪亮的独特光芒呢？瑶瑶的故事，就很具有代表性。

不久前，瑶瑶的姥姥过生日，亲戚朋友全部都赶过来为老人祝寿。人多热闹的场合，自然也是孩子们欢乐的海洋。亲戚家年龄相仿的孩子们聚在一起，有的唱歌，有的跳舞，还有的凑在一起玩游戏，大家都玩得非常开心。

在这些孩子里面，瑶瑶显得有些"另类"。当别家亲戚的孩子都聚在一起玩耍的时候，只有她安安静静地坐在一边认真地看书。

其他大人看到了，就鼓励瑶瑶和其他孩子一起玩。瑶瑶的妈妈或许感觉自己的孩子也太文静了，就用言语去"刺激"孩子："你看看你，就知道一个人坐着读书，和大家一起玩耍不好吗？你看你的表姐，唱歌跳舞样样拿手，你就不能向她学习一下吗？"

听了瑶瑶妈妈的话，其他亲友也在一旁帮腔，大家的中心意思，似乎都是在明里暗里指责瑶瑶"孤僻不合群"，和伙伴们玩不到一起。

满腹委屈的瑶瑶，也不知道自己错在了什么地方，她心里只有一个念头："难道自己一个人安静地看书也不被允许吗？"最后，备受打击的瑶瑶伤心地流下了眼泪。其他亲友见状，也不好意思再说什么了。

从瑶瑶的故事中，那些喜欢让孩子按照他们的想法成长的父母，从中受到了什么启发呢？

显然，在整个过程中，瑶瑶自身的做法本没有错。在不同的孩子中，有天性活泼的，有敢于表现的，自然也有文静内敛的，喜欢安静读书的瑶瑶，真的没有做错什么。错的是她的妈妈和众多的亲友，非要瑶瑶成为他们心目中"理想的样子"。这种不尊重孩子个性的做法，自然是不可取的。

每一个儿童，都像是一块未经雕琢的"璞玉"，他们都有着自身独特的性格特征。有的文静，有的开朗，有的活泼，有的敏感……不一而足。所以，身为父母，又为何非要扼杀孩子的独特性情，让他们变得千篇一律呢？

尊重孩子独特的个性，是给予他们人生成长最好的礼物

每一个孩子，都有自身与众不同的天然气质，学会接纳和尊重，才是父母最为正确的做法。那么，在陪伴孩子人生成长的过程中，父母又该如何学会尊重孩子独特的个性呢？

允许孩子做自己，给他们选择的自由

在孩子的成长过程中，父母首先要做的，就是要鼓励孩子个性的发展，不去过分地干涉控制，让他们做真实、独特的自己。

暑假了，皮皮和妈妈一起去海边游玩。第一次见到大海的皮皮格外兴奋，原本就调皮的他，在沙滩上自由自在地玩耍着，一会儿挖个沙坑把自己埋进去，一会儿又堆起一个大大的雕塑。不一会儿，皮皮就"变了模样"，浑身上下都是沙粒。

这时几位年轻的妈妈，带着他们的孩子从皮皮的身边经过。她们看到皮皮这副模样，都忍俊不禁。

一位妈妈对皮皮妈说："你看你也不稍微管管他，弄一身沙子不难受吗？"

皮皮妈也知道对方是好心提醒，不过她却笑着说："这孩子平时就爱玩，今天又是来到了大海边，只要在安全的范围内，随着他的天性就好了，不必对他太过干涉，也不能把我们的意愿强加到他的身上。"

显然，从皮皮妈妈的话语中可以了解到，她是一个非常懂得尊重孩子个性发展的母亲，也给了孩子充分的自由选择权，让孩子在享受天性的自由的同时，可以对外面的世界有更好的自我体验。

在孩子的成长教育上，父母理应如此，学会尊重每一个孩子独特的性情，尊重他们的选择，并给予充分的肯定，这才是最好的教育。要知道孩子是独立的个体，而不是任人揉捏的橡皮泥，孩子需要自由发展自己的个性，而不能被父母强制要求变成什么模样。呵护孩子的

天性，允许孩子做自己，守护孩子的个性发展，才能真正让孩子变得更好。

🦋 孩子的性格或许有缺陷，但不要随意去贬低他们

每个孩子的性情不同，父母可以适当地引导他们向着更好的方向发展，而不是对他们随意地横加指责。

比如有些孩子性子慢一些，但在父母眼中，这是不能接受和容忍的缺点，因此他们常会疾言厉色地批评孩子说："你看你，就不能像其他孩子那样，机灵一些吗？做什么事情都是笨手笨脚的样子，急死人！"

还有一些孩子好奇心比较强，但是每当他们对新奇的事物有强烈的探索欲望时，就会被父母"一棍子打断"："你一个小孩子哪儿那么多问题？也不知道你脑子里每天都想些什么奇奇怪怪的问题，有那么多好奇心干嘛？安安静静地沉下心来学习才是正事，别整天胡思乱想了！"

在这些父母眼里，孩子的好奇心成了一种不可饶恕的"过错"，他们的做法，扼杀了孩子好奇的天性，夺走了孩子探索美好未知世界的机会，对孩子的个性发展和未来发展都没有好处。

尊重孩子的个性，给予孩子自由选择的权利和发展的空间，可以充分激发他们内在的潜能，增强孩子的自信心，孩子也由此才能得到更为全面的发展。

【性格滋养】

　　孩子的性格各有不同，而且会不断发展变化。作为父母，在孩子的成长历程中，所要做的就是应时刻关注孩子个性的发展，学会去尊重和接纳他们，让孩子成为他自己。也只有成为自己，孩子内里蕴藏的潜能才可以得到充分的发挥，活出他们精彩的人生。

第三章

性格色彩，
走进儿童的多彩世界

大家知道吗？红、黄、蓝、绿四种简简单单的色彩，却代表着孩子的四种不同的性格特征，这就是心理学领域的"性格色彩学"理论。

　　从德国诗人歌德的《色彩学》开始，不断有学者对性格色彩学及儿童性格色彩学领域产生浓厚兴趣，并就此展开过不同形式的儿童色彩心理学试验，证实偏好不同色彩的孩子有着不同的性格特征，生活中尤其以红、黄、蓝、绿这四种性格最为常见。虽然有的孩子可能同时兼具两种或两种以上的性格特征，不过常以一种性格特征为主。

　　不难看出，性格色彩学是解码儿童性格的"密钥"，读懂了不同色彩背后蕴藏的性格内涵，父母在陪伴孩子人生成长的过程中，就更能洞察孩子言行举止的动机，从而能营造出更为和谐有爱的亲子关系。

红色性格：热情似火的"小雷锋"

如果你的孩子偏爱红色，那么大概率就属于红色性格的类型。在日常的行为表现上，自然也带有红色性格的诸多显著特征。

红色性格的孩子都有哪些特征表现呢

谈到红色性格，或许一些家长还不是太明白，心中会有小小的疑问：红色代表着孩子什么样的性格类型呢？这一类性格又有哪些较为明显的特征呢？

在色彩学中，红色是勇敢、热情、激进的象征。对应到红色性格的孩子身上，这一类孩子，在行为表现上活泼开朗，热情大方，精力充沛，积极大胆，一有机会就爱表现、展示自己。所以，具有红色性格色彩的孩子，对应的就是表现型人格。

齐航就是一个红色性格的男孩子。生活中的他，活泼开朗，是社交"小能手"，碰到邻居会主动热情地打招呼；和陌生的小朋友见面，用不了多久，他就能和对方玩到一起，成为形影不离的好朋友。

如果家里面来了客人，齐航的表现欲望就更强烈了。他会不等父母吩咐，主动给客人倒茶，还不时询问客人这种茶叶喝得习惯不习惯。大人谈话时，齐航也是小听众，甚至会在聊到自己感兴趣的话题时插话询问。客人被活泼大方的齐航逗笑了，直夸齐航像个"小主人"。

学校里面，齐航也是活跃分子，无论是班级卫生打扫，还是维护纪律，齐航都是积极的参与者，也是监督者，像个"小雷锋"一样忙个不停。

每次班级有活动，不用老师指定，齐航就会自动成为老师身边的"好帮手"，热情地帮助老师抬桌子、搬凳子，累得一头大汗也乐此不疲。

当然，有时太过主动热情的齐航，行为表现也有"做过头"的时候。有一次家里老人生日聚会，亲戚朋友来了一大桌。热热闹闹的气氛激发了齐航的表现欲，他又是唱歌，又是跳舞，高兴劲儿上来的时候，他还拿着妈妈的手机，不管不顾地打开里面的音乐伴奏。由于声音太吵了，亲朋好友之间的谈话都听不清楚了。

齐航的妈妈为此暗地里说了他好几次，不过沉浸在欢乐气氛中的齐航，对此充耳不闻，只是忘情地蹦呀跳呀，俨然成了生日宴会上的主角，这让齐航的妈妈尴尬万分。

显然，从齐航的身上，我们看到了红色性格孩子的一贯典型表现，他们浑身上下闪烁着热情的火焰。红色性格的孩子的性格特征主要表现为以下两个方面。

首先，热情似火爱表现，是人见人爱的"小雷锋"。

红色性格的孩子，为人热情，富有爱心，做事积极主动，手脚勤快，喜欢得到人们的肯定和赞美。

所以在人际交往中，这一性格类型的孩子，往往是集体活动中的积极分子，也是大家眼中人见人爱的"小雷锋"。他们在公众场合爱主动表现自己，无论走到哪里，都能很快成为全场的焦点，备受瞩目。

其次，表现欲过强，容易"人来疯"。

做事主动、活泼开朗的红色性格孩子，喜欢表现是他们性格上的一个显著特征。不过也正因为热衷于表现，有时候会不分场合、不顾及他人的感受，一旦超越了合理的"度"，就会给人一种"人来疯"的印象。

简言之，具有红色性格的孩子，如果给他们一个恰当比喻的话，就像是"一团红色的火焰"。属于多血质气质的他们，富有表现欲，热情主动，自信开朗，乐于参与。

但另一方面，红色性格的孩子在学习的时候容易三心二意，注意力常常不集中。如果父母能够耐心地引导他们，这些孩子会变得更加优秀。

怎样合理引导红色性格的孩子呢

从行为表现上看，红色性格的孩子在社交活动上具有强大的优势，热情似火的他们也很容易受到人们的欢迎。在养育红色性格的孩子时，父母要在充分尊重他们自尊心的基础上，结合这类性格类型孩子身上的特点，对他们进行合理正确的引导。

多去鼓励孩子，坚持自我

红色性格的孩子，热情开朗，积极主动，自信勇敢，这些性格特征，是他们身上最大的特点。虽然现在他们还只是一个孩子，然而等到他们长大成人之后，这些特点有助于提升个人出色的社交能力，会社交的人，人生发展的前景自然会更为广阔一些。

而在有些时候，拥有红色性格的孩子，因为表现优秀，所以也经常会被人嫉妒孤立，心灵上受到一定的打击。遇到这种情况，父母要坚定地鼓励孩子，如果自己的行为表现是正确的，那么就一定要坚持下去，不要太在意外界的目光，树立强大的信心，努力做真正的自我。

让孩子有规则意识

红色性格的孩子，性情活跃，常会有"表现过度"的情况。当他们忘情地表现自己时，容易突破规则的束缚。比如在公众场合吵闹，这是一种非常不礼貌的行为。

针对他们的这种表现，父母应适时教导孩子，一定要有公德意识，在规则允许的范围内做事。

比如在去公众场合之前，父母就提前给孩子打"预防针"，告诉他们大声喧哗吵闹是不对的，属于没教养的表现。耳提面命，长久地坚持下去，孩子就会慢慢树立起规则意识。

激发孩子的探索潜能

红色性格的孩子，精力充沛，对外界事物也充满了兴趣和好奇心。父母可以充分利用孩子身上的这一特性，多让他们去承担一些小难题、小任务，每次完成之后，再将任务的难度提升，这样一步一步地加以引导，在锻炼孩子吃苦精神的基础上，持续提升他们解决问题的能力。

敢作敢当，引导孩子培养责任感

旺盛的精力和好奇心，常会让拥有红色性格的孩子犯下大大小小的错误。犯了错不可怕，父母要明确告诉孩子，自己犯下的错误自己要有勇气去承担责任，敢作敢当，才是有担当的表现。这种教育方式，对培养孩子的责任感有着显著的效果。

【性格滋养】

英国作家狄更斯曾说："一种健全的性格，比一百种智慧都更有力量。"性格，对孩子的人生发展，起着至关重要的作用。具体到红色性格的孩子身上，父母、师长在平时的教导培养上，应以鼓励为主，帮助孩子树立是非观，促进孩子得到更好的人生发展。

绿色性格：和平友善的“小天使”

在大自然中，绿色是一种令人赏心悦目的颜色。在世人的眼里，绿色也常被誉为“生命的色彩”。那么，绿色性格的孩子，他们的性格特征又是怎样的呢？

来，让我们一起了解绿色性格的孩子

在性格色彩学中，绿色作为一种柔和的颜色，是希望与和平的代表。所以，拥有绿色性格的孩子，往往听话乖巧，不争不吵，不哭不闹，对物质的占有欲和控制欲比较弱，一副与世无争的模样。

日常生活中，绿色性格的孩子和人相处时，就如热爱和平的小天使一般，很少主动和身边的伙伴发生矛盾冲突。如果遇到性格强势一些的小朋友，他们也会自动选择后退的方式，采取忍让的态度和对方和平相处。即使是吃了亏，也不会去斤斤计较。

小茜就是这样一个有着绿色性格的孩子。生活中的她，文静乖巧，很好与人相处。

小小年纪的她，除了自己不向爸爸妈妈提出无理过分的要求之外，有时还会主动谦让、照顾其他小朋友，表现得很是宽容大度。

有一次，小茜妈妈出差回来，给小茜带来了一份珍贵的礼物，是一只非常好看的发卡。小茜见了，也是喜出望外。第二天上学的时候，班上的一位女生看到小茜头上漂亮的发卡，就提出自己能不能拿回去让她妈妈看一看，这样也能按照同样的款式给她买一个。

小茜听了毫不犹豫地答应了。也许这位女同学实在是太喜欢这款发卡了，她拿到手之后，竟然随手戴在了自己的头上，丝毫没有摘下来的意思。有同学看不下去了，就让小茜赶快要回来。

小茜却笑着表示没关系，说自己既然答应了那个女同学可以拿回家让她妈妈看，那么在这段时间里，她戴一会儿也没有关系。既然小茜都不说什么，为她"打抱不平"的同学也只好摇摇头不说话了。

故事中的小茜，身上的绿色性格就非常有代表性。性格随和，人缘也非常不错，愿意和朋友分享自己心爱的物品。

除此之外，绿色性格的孩子还善于站在他人的角度思考问题，替他人着想，做事也比较踏实认真，有大局观和责任感，因而极易与人相处。所有这些，都是拥有绿色性格的孩子共同的性格特征。

那么是不是说，这一性格类型的孩子，性格就是完美无缺的呢？当然不是。绿色性格的孩子，身上的优点很多，但也有一些不足的地方。

比如在面临重大选择的时候，绿色性格的孩子就常常表现出犹豫不决的神态，拿不定主意，也可以说，不敢轻易下决心。同时在一个群体内部，当组织者就某一事项征求大家的意见时，绿色性格的孩子也往往会表现出一副随大流的态度："就这样吧，我没有什么意见。""大家都说不错，我也没有什么建议可提了，完全同意。"关键时刻缺乏主见，是他们最为常见的缺点。

正因如此，在人际交往中，拥有绿色性格的孩子，一般充当的是跟随者的角色，乐于安于现状、缺乏创意和强大的自信心、不愿和外人轻易发生矛盾冲突的他们，很少以主角的面目出现。

和绿色性格的孩子相处的小技巧都有哪些

绿色性格的孩子，内向温和，非常善解人意，能够较好地站在对方的角度思考问题。在实际生活中，如果父母发现自家的孩子属于绿色性格的类型，那么和他们相处时，有哪些小技巧呢？

多给孩子自主选择的机会

缺乏主见，做事随大流，是绿色性格的孩子身上的一大特点。面对缺乏主见的他们，父母要给予他们足够的支持和肯定，采取"先易后难，先小后大"的策略，逐步引导孩子形成自己的主见，多给孩子选择的机会。

比如在家庭生活中，父母多征求孩子的意见，让他们做出适合自我意愿的选择。星期天去外面游玩，父母就可以这样询问孩子："今天我们一家三口是去爬山还是逛公园呢？没关系，你想去哪里，只管大胆说出来，我们都绝对支持你。"

通过这些日常小事上的自主选择权的培养，让他们一点点习惯于自己做选择，逐渐适应掌控自我命运的感觉。

多鼓励孩子，让他们勇敢坚强起来

不愿接受挑战，畏惧困难，不坚强，不勇敢；生活中即使受了欺负，也倾向于选择息事宁人的做法。上述这些，也是绿色性格的孩子身上所存在的一些不足。针对孩子在现实中的这些表现，父母长辈在平日里应教导他们要勇敢坚强起来，对违背自我意愿的事情，敢于说"不"。

在教育引导的方式上，父母要多给孩子以鼓励，告诉他们一旦遇到自身利益受到侵害的情况，应当勇敢地站出来，保护自己，维护自身的权益，一味地退缩不是解决问题的办法。

同时如果孩子完成了某一件较难的任务时，父母也应及时送上鼓励："孩子，你真棒，我们都为你感到骄傲。"凡此种种，都有利于孩子更加自信。

总而言之，对于绿色性格的孩子，父母既应保护孩子善良的天性，又应教会他们保护自己，让他们懂得，善良不代表软弱，谦让不代表懦弱，要勇敢坚定地朝着自己的方向前进，成为更好的自己。

蓝色性格：完美善思的"好奇宝宝"

在满眼的蓝色面前，人们会有一种平静和缓、情绪稳定的感受，也能让人心灵愉悦轻松起来。那么，蓝色性格的孩子，他们身上又有哪些特点呢？

你家的孩子是蓝色性格吗

在色彩学中，给人平静感受的蓝色，对应到儿童的性格类型上，是属于追求完美、爱深入思考的蓝色性格。拥有蓝色性格的孩子，他们大多性情内向、情感细腻、内心敏感、自尊心强。

具体到行为表现上，在蓝色性格支配下的孩子，一向比较沉着冷静，喜欢钻研和思考，思维逻辑清晰，做事也非常有条理，属于完美主义者的类型。

辰溪的爸爸发现自己的孩子就属于蓝色性格。辰溪刚刚上幼儿园，他的小脑瓜里，每天都有很多奇奇怪怪的问题，好像里面装了"十万个为什么"一样，总是缠着爸爸问个不停。

早上上学的时候，辰溪看着东方火红的太阳，便会询问爸爸："为什么太阳公公不爱睡懒觉呢？每天都比我起床还早，它就不累吗？"

去公园里玩，看到花圃里争奇斗艳的各色花朵，辰溪也会好奇地发问："爸爸，花儿为什么这么香啊，难道它们天天都洗澡吗？"

对于周围一切新奇的事物，辰溪也总是抱有强烈的好奇心，追在爸爸后面问东问西，有些问题的角度还特别新颖有趣，这让爸爸哭笑不得，不过爸爸也总是耐着性子认真地给他讲解。不然的话，辰溪就会一直问个不休，非要问出一个结果不可。

有一次，辰溪晚上睡觉脱掉身上的内衣时，内衣和他干燥的皮肤发生摩擦，产生了火花，还发出噼里啪啦的响声。

注意到这一现象的辰溪，又好奇又感觉新鲜，于是就追问妈妈这些小火花是怎么回事。妈妈告诉他，这是静电的作用，生活中，这种现象非常常见。

听到妈妈这样说，辰溪立即没有了睡意，他跑到爸爸的书房，缠着爸爸给他讲解静电的知识。为了满足儿子的好奇心，辰溪的爸爸不得不找来一些实验工具，当着辰溪的面，父子俩亲自试验了一番。经过爸爸深入的"解疑答惑"，辰溪这才满足地沉沉睡去。

渐渐长大的辰溪，越来越喜爱钻研思考。家里面的玩具和一些小型的电子设备，都被他拆得七零八落，然后再重新装回去。如果哪天装错了，或者是出现了小小的瑕疵，热衷追求完美的他，非要完整地复原后，才会心满意足地安心吃饭睡觉。

显然，案例中的辰溪，身上有着蓝色性格的显著特征。他爱思考、爱钻研、做事追求完美，这些都是蓝色性格孩子身上鲜明的特点。

除此之外，蓝色性格的孩子，对环境的安全性要求较高，害怕突然融入一个陌生的环境里面。如果遇到这种局面，他们需要一个较长的适应过程，才能逐步克服心理障碍。

与此同时，拥有蓝色性格的孩子，由于性情偏内向腼腆一些，所以对于外界不合理的要求，缺乏直接拒绝的勇气；并且因为太过于事事追求完美，所以这也常导致他们在事物的细节上纠结，一不小心就会钻"牛角尖"，忽略了大局。

生活中，父母又该如何和具有蓝色性格的孩子相处呢

给孩子足够的安全感，帮助他们树立自信心

和外向活泼、勇敢大胆的红色性格的孩子相比，蓝色性格的孩子性情沉稳，甚至更偏于内向，也就是安静有余、活泼不足，常会因为专注于思考而独自沉浸在自己的内心世界里。同时对外部环境的变化也极其敏感，缺乏安全感。

对于蓝色性格的孩子，父母在和他们相处时，要能充分注意到这一类型孩子身上的特点，不要轻易对他们发怒，也不能在他们犯了小错误时，用威胁性的语言吓唬他们。

比如有些父母，看到孩子不听话、哭哭啼啼的模样，就会对他们发脾气："天天就知道哭鼻子，多没出息！再哭我就不要你了。"

这些伤人的话语，轻易不要对孩子说出口，尤其是在面对蓝色性格的孩子时，那样做，只能加剧他们的不安全感，让孩子变得更为敏感多疑。

正确的做法是，在生活中父母要多去鼓励和赞美他们，给予他们足够的安全感，帮助孩子树立强大的自信心，逐步引导孩子向开朗外向的性情方面发展。在这种教养方式下，无形中亲密的亲子关系也就建立起来了。

好奇心很可贵，鼓励孩子保持下去

蓝色性格的孩子，勤于思考，也善于思考，这是他们身上的显著特点。父母需要明白的是，有思考才会有进步，热爱思考并遨游在知识海洋里面的孩子，人生发展也会因此获得长足的进步。

因此，对于这一类型的孩子，父母要有足够的耐心，不要去随意打击他们各种各样的奇思妙想，挫伤他们爱钻研的积极性，而要努力去配合孩子。比如，可以通过查阅资料、上网搜索等方式，和孩子一起去探索、去思考，让孩子始终保持这种强烈的求知欲和探索精神。在条件允许的情况下，还可以帮助孩子将他们脑海里新奇的创意变为现实，这样做，最终你一定会见证一个优秀孩子的成长历程。

追求完美没错，但别让孩子太钻"牛角尖"

蓝色性格的孩子，是完美主义者，他们做事认真，追求完美，值得肯定。但在很多时候，因为过于追求完美，这一性格类型的孩子常会揪着细节不放，不知不觉中就会陷入钻"牛角尖"的误区。

所以，父母和这类孩子相处时，要适当引导他们不要太执着于细节上的完美。空闲的时候，多陪他们出去游玩，在领略祖国大好河山的优美风景的同时，开阔他们的心胸，他们的人生之路也将因此更为宽广起来。

黄色性格：理智能干的"孩子王"

整体上看，黄色蕴含着喜悦和希望，给人一种眼前一亮的惊艳感受。黄色性格的孩子，他们身上的性情特征又有哪些优缺点呢？

黄色性格的孩子是什么样的

在性格色彩学中，黄色代表着喜悦和希望，对应到儿童的性格类型上，黄色性格的孩子大多性情外向，极具正义感，自信果敢，富有主见。

具体到行为表现上，在黄色性格支配下的孩子，做事积极，喜欢担任伙伴的"领头人"，也就是大家口中常说的"孩子王"。

拥有这一性格类型的孩子，在人际交往中，喜欢制定规则，充当"领导者"的角色，让大家都能听从他的指挥。当然，他本身也具有一定的领导能力。

七岁的瀚宇，是小区里面有名的"孩子王"。小区里面和他差不多同龄的孩子，都愿意围绕在瀚宇的身边，听从他的指挥。每到星期天，是瀚宇和小伙伴们最为活跃的日子，大家在瀚宇的安排下，分成几个小组做游戏，气氛非常热烈。

有时玩着玩着，如果哪个小朋友没有按照瀚宇制定的规则做，在一旁的瀚宇也会毫不客气地对他说："你今天是怎么回事呀？来回乱跑，这样不行，必须按照我的要求来。"

学校里，瀚宇也是一位"活跃角色"。由于组织和领导能力强、表现出色、富有正义感，他很快就从众多的同学中脱颖而出，担任起小班长的职务。无论是在班级内部，还是学校组织的课外活动中，瀚宇都能够做到尽职尽责，帮助老师维持纪律，整顿秩序，将自己身上的"领导范儿"充分展现出来。尤其是参加活动时的各种小细节，他都能想得到，这让老师省心了很多，也深受同学们的欢迎。

案例中的瀚宇，身上有着黄色性格的孩子显著的特征和行为表现。在同龄人中，他爱出头当"孩子王"，也是学校里面的小班长，是喜欢制定游戏规则、指挥别人的"领导者"，能够将自己的领导才能发挥得淋漓尽致。

因此综合地看，黄色性格的孩子，有领导能力，也愿意成为众人的"领导者"，做事积极勇敢，对事物有自己独到的见解。不过在另一方面，这一性格类型的孩子，喜爱制定规则，习惯于让他人服从，有时也常常会把自己"放在"规则之外，不愿受规则的束缚，并会因此变得不太爱讲道理，除非有比他更有能力的人出现，才能让他"心服口服"。

和黄色性格的孩子相处的正确方式

以理服人，强势压制行不通

黄色性格的孩子，属于领导型人格，行为表现比较强势一些，喜欢让他人听从自己的指挥，有打破条条框框的规则的勇气。因此，和这一性格类型的孩子相处，父母如果简单地想以权威去压制他们，以硬碰硬，常会引发孩子情绪上的波动和反弹，进一步激发他们的反抗意识。

恰当的做法，首先是采取以理服人的策略，给他们摆事实、讲道理，让这些孩子逐步认识到自身的言行错误。

其次是要让孩子明白，想要成为一个真正的领导者，应改正身上急躁、霸道等缺点，不断地提升自我的才能和魅力，才能让更多的伙伴听从自己的指挥。

再者，黄色性格的孩子，喜欢敬服强者。作为父母，要能以身作则，让孩子看到父母身上优秀的一面，通过言传身教的榜样作用，去影响和带动他们。

学会在孩子面前适当地示弱

黄色性格的孩子适合成为"领导型"的人物，这是因为他们生性好强。他们不惧困难，而是将困难当成挑战；他们遇强则强，所以常能成为大家公认的"领导型"人物。

同样，和他们相处，如果父母的性格也较为强势的话，双方之间难免会引发矛盾纠纷，谁也不愿主动退让。

反过来，如果父母扮演"弱者"的角色，常能激起黄色性格的孩子内心的保护欲，此时他们性情中柔情的一面也会展现出来，做事会更加积极主动。

明白了黄色性格的孩子身上的这一特性，在生活中，父母在和他们相处时，要学会适当地示弱，从而让亲子关系更为和谐。

比如妈妈在搬东西的时候，可以故意向孩子求助："这件东西好沉呀，妈妈都搬不动了，快来帮帮妈妈！"这时孩子性情中较为强势的一面就会消失不见，保护弱者的欲望反而被激发出来，他们将会主动地承担"重任"，成为父母生活中的"好帮手"。

【性格滋养】

红、绿、蓝、黄四种色彩，分别对应孩子的四类性格类型。不同类型的性情，也存在着较大的差别。然而不论是哪一种性格类型的孩子，父母在和他们相处的时候，都应在充分了解孩子的性情特征的基础上，灵活使用适合自家孩子的恰当的教育方式，逐步引导、培养他们，相信这样去做，你一定能够见证孩子的精彩蜕变。

第四章

性格塑造，儿童的 "好性格" 与 "坏性格"

每一个孩子都有着独特的性格特征。那么，如何去看待这些不同种类的性格特征呢？对于这一问题，需要具体问题具体分析，不能简单片面地将孩子的性格以"好"和"坏"来区分。父母要根据孩子在现实生活中的行为表现，逐步引导孩子的性格向更好的方向发展，在性格塑造的基础上，让他们变得更优秀。

过于听话的儿童，往往没有主见

生活中的大多数父母都比较喜欢听话顺从的孩子，认为这样的孩子乖巧懂事，让人省心。但实际上，很多时候，过于听话的孩子往往缺乏主见。对此，父母应根据孩子的性格特点，逐步引导和锻炼孩子，让孩子变得有主见。

孩子为什么缺乏主见呢

孩子是父母婚姻生活中最好的礼物，伴随着孩子的发育成长，也带给父母无限的幸福与乐趣。尤其是那些性格温顺的孩子，父母说什么，他们听什么，很少有叛逆的举动。所以，和那些"爱闹腾"的孩子相比，听话的孩子往往更受父母长辈的宠爱。然而，随着孩子年龄的增长，一些父母却因孩子过于听话而烦恼不已，这又是为什么呢？

晓莹是一名小学生，性格脾气都非常好，是老师、亲友眼中的乖孩子。温顺听话的晓莹，也让她的妈妈感觉很省心。

不过随着晓莹年龄的增长，晓莹妈妈的烦恼却多了起来。比如去商场给她买衣服的时候，妈妈让晓莹自己选择喜欢的衣服，好半天，晓莹都犹犹豫豫拿不定主意。

妈妈询问她的意见，晓莹却说："我也不知道哪件衣服更合适，你帮我选就好了。"这让妈妈哭笑不得。

生活中如此，学习上遇到问题的晓莹，也常依赖妈妈给她出点子、拿主意。比如学校让选报兴趣班，别的孩子都很快选好了，晓莹却迟迟没有动静。

到了选报日期快要截止的时候，她非要妈妈帮她选一下，不然自己不知道该怎么办。类似这样的事情还有很多很多，晓莹妈妈为此心力交瘁，越来越羡慕身边那些有主见的孩子了。

案例中的晓莹，为什么缺乏主见呢？其实，这和父母的家庭教育有关。在孩子的教养上，溺爱型父母过于关注孩子，事事都为孩子代办，不舍得孩子吃一点苦。而专制型父母往往以"爱"的名义，牢牢掌控着孩子的言行举止，他们凡事都替孩子拿主意、做决定，只要孩子温顺乖巧就行。

显然，在这样的教育模式下成长起来的孩子，会逐渐形成事事依赖父母的习惯，遇到问题就信心不足，束手无策，所以他们又怎么会有个人的想法和主见呢？

将成长的自主权还给孩子

父母在家庭教育方面的一大误区，就是一方面要求孩子乖巧听话，另一方面却又责怪孩子没主见。这不是自相矛盾了吗？

在孩子的成长过程中，有的父母恨不得为孩子包办一切，从日常生活到学习，都要伸手去"大包大揽"。这种几乎不考虑孩子心理感受、不愿让他们经受风雨磨炼的教育理念，无疑很难让孩子有独立思考的空间，自然很难有主见。

缺乏主见的孩子，越长大越缺乏必要的自信心，他们原本独特的个性和创造力，也会逐渐消失。更有甚者，在父母庇护下长大的孩子，心理无比脆弱，生活、学习上的一点点打击，都会让他们灰心沮丧、痛苦万分，不知不觉间长成了一个"巨婴"。

那么，如何让孩子能够真正成长起来呢？父母正确的做法，就是认可"孩子是一个独立存在的个体"这一事实，从学会尊重他们的自主权出发，放手让孩子去经受生活中各种锻炼和磨炼。

比如，平日里多鼓励孩子勇敢地去表达，说出自己内心真实的想法与感受；生活上父母也应学会多放手，吃的、玩的、穿的、用的等，多给孩子选择的自主权，也就是让他们自己多做主。家长们需要明白的是，只要孩子的要求不过分，在不违背大的原则的前提下，就不要太过于干涉孩子的决定。

【性格滋养】

父母对孩子真正的爱，本质上是一场适时的退出，在教养过程中，要逐步教会孩子独立生活的技能，这是真正能够让他受益一生的教育。凡是孩子自己能够自主完成的事情，就应该放手让他自己去做；凡是孩子自己有合理想法的事情，也应该鼓励支持他把自己的想法变为现实。父母在这方面越早放手，孩子就越多受益。

过于重信，容易轻信

在各种各样性格类型的孩子群体中，有这样一类孩子，他们性格单纯善良、重承诺、守信誉、讲义气，然而在现实生活中，这些孩子却往往会受到一些伤害，这里面的原因是什么呢？

重信的孩子，更容易轻信他人

对于性格善良单纯的孩子来说，在他们的内心深处，始终埋藏着一颗天真无邪的友善种子。他们眼中的世界，也充满了种种美好。在和同龄人以及陌生人相处时，这些孩子常常会释放出最大的诚意和善意，认为友谊无边界，希望能够以真心换真心，对外界没有丝毫的提防之心。

墨轩是一个性格外向单纯的孩子，喜欢交朋友的他，遇到陌生的小伙伴，总能够很快和对方开开心心地玩到一起。真诚善良的他，对于愿意和他交流互动的陌生人，从来没有一丝一毫的防备心理。

有一次，妈妈带他去公园里玩。草地上，很多小朋友都在那里开心地玩耍，墨轩见了，也高兴地加入进去。妈妈看到儿子和大家在一起玩，也就放心地站在不远处，和身边的朋友聊天。

过了好半天，玩够了的墨轩满头大汗地跑了回来。妈妈赶快上前，帮他擦汗、拍打身体。忽然间，她发现儿子手腕上戴着的电子表不见了。

"你的电子表呢？早上不是戴得好好的吗？是不是刚才玩耍的时候弄丢了呢？"妈妈以为墨轩只顾贪玩，不小心掉在了草地上，于是忙催促着他赶快去找一找。

谁知墨轩却笑着说："没有丢，是一个小朋友看着好看，借去玩了。"

听了墨轩的话，妈妈哭笑不得，第一次见面，就将自己心爱的电子表随意借给别人，这孩子的心也太大了。

她刚批评了墨轩几句，说他太单纯，墨轩却一脸天真地说："平时你不总是教导我，说是好东西可以和小朋友们一起分享吗？他玩一会儿就会还给我了，我们都约定好了，放心吧！"

墨轩的话让妈妈无言以对，急着带孩子回家的她，只好拉着墨轩去寻找那名拿走他电子表的小朋友。可是就这一会儿的功夫，刚才还在草地上玩耍的小朋友大都散去了，墨轩也记不清对方的模样，支支吾吾说不出个所以然。

正着急的时候，只见一位妈妈拉着一名小男孩从远处匆匆走过来，她来到墨轩面前，连声道歉，说是自家孩子拿了墨轩的电子表忘了还，她发现后赶忙带着孩子过来归还。

这件事以后，墨轩妈妈总是感觉不太放心，儿子太轻易相信别人，电子表是小事，如果没有警惕心理，遇到了坏人还是这样的话，那可就危险了。

别让孩子太轻易相信他人

孩子性格善良单纯，这是他们性情特征中的一大优点。不过父母也需要时刻教导他们，在日常生活中，要有足够的警惕心理。这是因为孩子自身的辨别能力不强，再加上他们天真单纯，对潜在的危险缺乏必要的防备心理，很容易把陌生人当成值得信任的对象，存在上当受骗的风险。对于轻易相信别人的孩子，父母可以从以下两点入手。

一是提高孩子的批判性思维。

观察那些容易轻信别人的孩子，除性格因素外，他们身上还存在有相同的共性，就是缺乏独立思考的意识和独立判断的能力，不具备批判性的思维。

正因为如此，他们在与人交往时，就会简单地认为对方的话语都是真实的，提出的意见和建议也都是善意的，并会全盘接受，深信不疑。

孩子批判性思维的树立和提升，需要父母日常多去教导他们，也可以结合具体事例进行分析，告诉孩子在适当的时候要学会拒绝，逐步提高孩子独立思考的能力。

二是不要太过干涉孩子的正常行为。

父母爱自己的孩子，保护他们不受伤害，这份浓浓的亲情值得肯定。但在生活中，父母不要为了保护孩子，过度地去干涉他们的行为。比如孩子想要做某件事情，父母不赞成，立即使用不许、不让等否定性词语加以制止，时间长了，孩子得不到独立探索、尝试的机会，也会逐渐失去独立思考、判断的能力。

自爱 ≠ 自私

自爱和自私两者之间，是否可以画上一个等号呢？当然不能。虽然从表面上看，自爱和自私之间存在着一些相似性，但从本质上看，二者有着根本的区别。具体到孩子的行为表现上看，自爱的孩子并不一定自私。

别把自爱和自私混淆了

日常生活中孩子的行为表现，哪些是自私，哪些又是自爱呢？对于这一问题，或许有相当一部分的家长难以明确区分，以至于混为一谈，对孩子的教育也在不知不觉中步入了误区。

梦阳在家里的地位，可以用"说一不二"一词来形容。任何时候，爷爷、奶奶、爸爸、妈妈，都必须围着他转，整个家庭都必须以他为中心。

平日里，梦阳爱看动画片。只要梦阳在家里，电视机就被他一个人给独占了，谁也不许换节目。

有一次，梦阳在睡觉，爷爷趁机看了一会儿戏曲节目。梦阳醒后来到客厅，看到这一情景后，生气地要求爷爷赶快换成他爱看的动画片。原本戏曲节目快要结尾了，爷爷就低声和他商量，让他等上几分钟就好了。梦阳一听，不管不顾，直接从爷爷手中夺过遥控器，换成了自己喜爱的动画片。看到梦阳一副不讲理的模样，爷爷也只好苦笑着离开了。

和梦阳相比，欣雨则是另外一番表现。生活中的欣雨，非常注重自我的仪表，每天都穿戴得整整齐齐，保持衣着干净整洁。

作息上，欣雨也养成了一个好习惯。平日里早睡早起，饮食规律。周末空闲的时候，她还会拉着妈妈一起进行体育锻炼。妈妈也常为此笑着"抱怨"说："有女儿的监督，我连一个懒觉都睡不成。"

从梦阳和欣雨的日常行为表现上看，谁是自私的？谁又是懂得自爱的呢？显然，梦阳的做法，是典型的自私行为，在家里面，他是"中心"，所有人都必须照顾他的喜好和感受；而反观欣雨，她爱惜自己的身体，注重自我的仪表，自律自觉，这才是真正的自爱，由此可见，自爱和自私之间有着质的区别。

自爱的孩子未来会更优秀

是不是对自己好一点，就是自私的表现呢？当然不是。实际上，自爱和自私之间，存在着鲜明的界限。不懂得关心别人，固执己见，唯我独尊，一切以自我为中心，不顾及他人的感受，不懂得感恩，所有这些，都是自私的表现。

自爱则是对自我价值的认同和肯定，它是建立在自尊基础上的高贵人格。因为爱自己，也会由此及彼，懂得去关心和爱护他人。所以，真正的自爱，反而可以起到克服自私自利行为的良好作用。

因此，在子女的教育问题上，当父母弄明白了自爱和自私之间的区别，也就自然懂得如何去教养自己的孩子，对自爱和自私两种性格的孩子要区分对待，分别采取不同的教养方式。

对于行为自私的孩子，父母要及时为孩子树立正确的规则意识，适时开展感恩教育。当孩子有违反规则、超越底线的行为表现时，也一定要坚决地加以制止，逐步将孩子这种不良的性情矫正过来。

对于自爱的孩子，父母要多给他们肯定和赞美，鼓励他们将个人良好的自律行为坚持下去，从自爱到自尊，从自尊到自强，最后直至真正地自立，始终向着让自我更为优秀的目标努力前进。

爱说谎的儿童，一定是坏孩子吗

大多数孩子都有过说谎的行为，问题是，孩子为何会说谎呢？喜欢说谎的孩子，是不是一定就是坏孩子呢？针对孩子说谎的问题，父母有必要弄清原因，而不能武断地下结论。

探究孩子爱说谎背后的真相

生活中，常会听到一些父母这样抱怨："真是没办法，我家的孩子，最近不知道怎么回事，竟然开始说谎了。有时候他被揭穿了，还振振有词，不肯承认，真让人生气。"

"唉，为孩子说谎的事情，我都批评过他好几次了。这样下去的话，我非常担心他成为一个坏孩子，每天我都为这件事发愁。"

显然，在几乎所有父母的眼中，说谎都不是一件好事。那么，是不是真如大多数人所认为的那样，爱说谎的孩子就必然是坏孩子呢？想要回答这一问题，我们需要先去探究孩子说谎背后的真相，也就是孩子为什么爱说谎？实际上，孩子说谎，一般可以有这样几个原因。

一是虚荣心作祟。生活中，孩子之间喜欢相互攀比炫耀，为了能超过对方，有的孩子便会故意夸大事实，以得到小伙伴的肯定和赞美，心理上也由此获得极大的满足。

二是为了达到某种目的而说谎。比如有些孩子偷懒不想上课，就会编造出身体不舒服的谎言，在拖延中错过上学的时间，他们的"小伎俩"就能得逞了。

三是善意的谎言。有些孩子说谎，是为了缓和家庭内部的矛盾冲突，所以他们常会编造一些善意的谎言，希望以此维持家庭的和睦气氛。

通过分析孩子说谎行为的成因不难看出，生活中大多数孩子的谎言并无恶意，很多时候，只不过是他们人生成长过程中一朵小小的浪花而已。等他们度过了童年期，认知水平提高了，大多便会自动改正。尤其是那些善意的谎言，更是孩子出于美好愿望的无奈之举，因此简单粗暴地将所有说谎的孩子都贴上"坏孩子"的标签，显然太过片面。

如何正确纠正孩子的说谎行为

说谎的孩子，在一定意义上也从侧面证明了他们拥有较为丰富的想象力。为什么这样说呢？实际上，在大多数情况下，孩子为了编造"完美的谎言"，不得不充分发挥自身的丰富想象力，以便让自己的谎言显得更为真实、合理一些。

虽然如此，孩子说谎的行为，绝对不值得提倡。原因在于，说谎一旦成瘾，会让孩子走上错误的人生道路。

有一些父母无法容忍孩子的说谎行为，会为此怒不可遏，情急之下，甚至会使用暴力的教育方式。这样做，反而会适得其反，越是打骂孩子，孩子越会编造更大的谎言来躲避父母的责罚，由此形成恶性循环。所以，当父母发现孩子有说谎行为时，要采取正确的方式予以制止和引导。

聪明的父母，在面对说谎的孩子时，首先会让自我冷静下来，从中寻找梳理出孩子说谎的原因，然后和孩子一起来解决问题。比如，父母会在充分深入的交流沟通中，通过一些寓言故事，来帮助孩子逐步认识到说谎行为的危害性，并督促他们尽快改正。

其次，父母会以身作则，以诚实守信的行事作风，来潜移默化地引导孩子。同时，在日常生活上，也多去关心孩子，了解他们内心的真实想法。在这种充满关爱的温馨的家庭环境下，孩子愿意主动和父母坦诚愉快地交流，也就没有说谎的必要了。

内向的儿童，心里藏着
一个丰富的世界

在多种性格类型的孩子中间，有这样一类孩子，他们平日里沉默寡言，不善或不愿社交，性格文静沉稳。鉴于以上的种种表现，他们也常被人们归为内向性格的儿童。内向型的孩子虽然不善交际，但内心极其丰富，需要父母耐心去探索。

孩子性情内向，是一种心理缺陷吗

对于内向性格的孩子，大多数父母担心的是：如果自己的孩子内向不合群，将来又该如何适应社会呢？

出于这种忧虑和担心，一些父母认为内向型孩子存在一定的心理缺陷。显然，抱有这种看法的家长，在很大程度上误解了这一性格类型的孩子，忽视了他们蕴含着丰富情感的内心世界。要知道，内向型的孩子只是不喜爱社交，缺少表现欲，并不是心理疾病，也不存在心理缺陷。

实际上，当我们真正深入地走进内向孩子的内心世界就会发现，他们就好比是一本内容深奥的书籍，内心深处同样情感充沛，以自己专注、独特的方式思索着各种问题，充满智慧。

内向性格的孩子，其实也一样优秀

性格内向的孩子，除了内心世界生动、丰富之外，在诸多的行为表现上，实际上也和外向性格的孩子同样优秀，并且具有一些独特的优点。

性格内向的孩子，往往是先观察后行动

内向型的孩子，内心的情感和思想活动很细腻，观察生活更加细致入微。正因如此，他们在考虑问题或付诸行动时，往往会"谋定而后动"。也就是说，他们常会先去仔细观察一番，然后再做出合理正确的决定。

所以在环境适应上，这一性格类型的孩子，虽然属于"慢热型"的，不过一旦他们进入了状态之后，因为脑海里已经有了成熟的思维

和想法，因此做事更容易获得成功。

性格内向的孩子遵从价值观，意志坚定

内向型孩子在分析问题和事物的性质时，会遵从自身价值观的引导，常会有着一套清晰明确的标准，轻易不会左右摇摆、随波逐流。对违背原则的事情，意志坚定的他们会断然拒绝。这些正是他们性情中最为积极也最值得肯定的一面。

性格内向的孩子，有时并非真的内向

有一些孩子看起来性格内向一些，实际上，现实生活中的他们，并非真的内向或者完全拒绝人际交往。他们只是在陌生的环境，或者是面对陌生的人群时，表现得安静和矜持；然而当他们和你熟悉后，并将你引为知己时，他们会毫无保留地敞开心扉，坦诚地和你相处，并尤比珍惜这段珍贵的友谊。

【性格滋养】

孩子内向，实际上也是一种优势。这种性格类型的孩子无须父母过多地引导，自发地以自己的方式认识和探索眼前的世界。也许他们过于安静，日常行为表现也不是太活跃，不过父母不要为此焦虑，要相信，他们身上有着一股坚韧的内在力量，坚定地走下去，一定能遇见更为美好的自己。

好动，不一定是"多动症"

在儿童的成长发育过程中，一些儿童精力旺盛，活跃好动，由此引发父母的担心，担心孩子患上多动症。多动症也被称作多动综合症，常发生在儿童身上。患有这一症状的儿童，存在着一定的注意力缺陷障碍，行为表现为极为多动或极易冲动。但是不是孩子好动，就意味着患有"多动症"呢？

儿童好动，很多时候是天性的"释放"

生活中，一提到孩子好动，有些父母就难免紧张不安，在这种心理因素作用下，他们往往会"风声鹤唳"，习惯性地将儿童的好动和多动症混淆在一起，人为地在二者之间画上了一个等号。

其实，好动的孩子并不一定就患有儿童多动症。儿童多动症从本质上而言指的是儿童注意力缺陷障碍，多动只是其主要症状之一，其核心在于注意力不集中或集中时间过短，远远低于正常水平。除此之外，患上儿童多动症的孩子情绪也经常处于不稳定的状态之中，甚至出现攻击性行为。有的孩子还存在动作笨拙、吐字不清等症状。

而性格好动的孩子虽然活泼爱闹，但遇到感兴趣的事情时往往能够长时间地集中注意力，所以说儿童好动和多动症是两个不同的概念。

对于儿童好动的行为表现，家长们不必太过紧张。因为从孩子成长发育的各个阶段上看，好动是孩子本身天性的释放，无须大惊小怪。进一步分析孩子好动的原因，无外乎下面几种情况。

一是孩子的年龄因素。观察生活中那些两三岁的孩子，他们刚刚有了自我意识，对外面的世界也倍感好奇，因此在这一年龄段中的他们，最为活泼可爱，也最好动了。相反，如果这一时期的孩子不爱动，父母反而需要担心，因为不符合这一阶段孩子的性格特征。

二是孩子性情外向，本就热情开朗，无论身处任何环境之中，"自来熟"的他们都能够很快适应，跑来跑去玩闹个不停，他们的天性也在其中得到了充分的释放。比如多血质的孩子，就属于这一类型。

三是一些智力超群的孩子，也容易有好动的表现。比如在学校时，他们早早完成了课程的学习，充沛的精力无处宣泄，就会忍不住做一些别的动作，也就有了好动的表现。

正确区分孩子的好动和"多动症"

父母明白了孩子好动的原因之后，也就有了一个可以衡量的标准，能够正确区分孩子的"好动"是不是"多动症"了。

一是行为的目的性。好动的孩子，行为都带有一定的目的性，比如做一些恶作剧戏弄他人等；而患有"多动症"的孩子，行为缺乏目的性，就是为了"动"而动。

二是行为的选择性。好动的孩子，并非时刻都爱动，当有了吸引他们兴趣的事物出现时，他们便会专心致志地投入其中。而反观患有"多动症"的儿童，他们始终无法集中注意力，情绪状态也一直难以稳定下来。

三是行为表现的克制性。好动的孩子，虽然顽皮一些，淘气一些，不过在大多数时候，他们的行为方式还是可控的，能够适可而止。但患有"多动症"的孩子，行为方式不仅不可控，也难以让人理解。

有了这样三个辨识标准，父母就要认真辨别，千万别随意给好动的孩子贴上"多动症"的标签。

而对于孩子"好动"的行为表现，父母要在尊重孩子天性的基础上，适时地给予正确的引导。比如帮助他们逐步树立规则意识和团队意识，告诉他们不单单要满足自己的感受，也应当充分照顾到身边其他人的感受，学会适时、适度地约束自我，成为受人欢迎的孩子。

喜静，不一定是孤僻

有些孩子喜静不喜动，平时安安静静，十分乖巧，但这落在他们父母的眼中，就成了性格孤僻的表现。难道安静的孩子，一定就是性情孤僻、不合群吗？

孩子喜静爱独处，不能和孤僻画上等号

从儿童的天性和他们的年龄阶段来看，大多数儿童在无忧无虑的生活中，都比较调皮、好动，遇到同龄的小伙伴，也会高兴地上前和他们一起玩耍，这一点在外向型孩子的身上表现得尤其明显。

但也有一部分孩子是另外一种表现。日常生活中的他们，倾向于安静独处，不大喜欢和身边的小朋友在一起玩耍，沉默是他们最为常见的状态。有时可以待在自己的房间里一整天不出来，以练字、画画等方式自娱自乐。

面对这种性格的孩子，一些父母就不由会心生忧虑：我家的孩子这么不合群，身边没有几个玩得来的好朋友，这样下去，他会不会变得孤僻呢？

对于这一问题，家长们大可不必担心。因为喜爱安静独处的孩子，和真正孤僻的孩子之间，存在着非常明显的区别。

性情孤僻的孩子，在行为表现上是完全封闭自我，拒绝社交，严重者甚至会进一步失去正常社交的能力。

然而，喜爱安静独处的孩子只是不愿意过多参与社交而已，但面对需要社交的场合，他们还是能够应对自如的。而且爱安静的孩子，往往更擅长思考，也常常更加稳重。

孩子为什么喜爱安静呢

孩子爱安静，大多数和孤僻无关。问题是，为什么有些孩子喜爱享受安静的滋味呢？分析其中的原因，有这样几个方面。

孩子的本身性格如此

在孩子的性格分类中，有天生性格外向的，也有天生性格内向、喜爱独处的。内向型的孩子，在安静的状态中，自己会更自然、更放松。

孩子拥有成熟的心智

受到良好教育的孩子，或是平日里见多识广的孩子，更愿意独自去做一些在他们看来更有意义的事情，而不喜欢扎堆、凑热闹。拥有成熟心智的孩子，各方面发展都会更胜一筹，家长不必为他们担心。

缺乏拥有共同兴趣爱好的朋友

有一些孩子，也许换了一个新的环境生活，也许他们对友谊有着更为严格的标准，找不到拥有共同兴趣爱好的小伙伴，他们便也会倾向于安静地独处。不过他们的这种独处，大多数时候只是暂时的，当他们遇到了志同道合的朋友时，就会重新变得活泼起来。

【性格滋养】

孩子喜欢安静独处，很多时候并非坏事。在安静的氛围中，孩子做事可以更专注、更投入，也能更好地提升自己。父母明白了这一点之后，就应当学会去接纳这样的孩子，同时在适当的时候，也可以对孩子多一些鼓励，有意识地引导他们多参加一些社交活动，让他们逐步融入大集体之中。

破坏大王，也是创造大王

　　家里的孩子好奇心强，动不动就把玩具和一些生活用品拿来拆解研究。面对这样极具"破坏性"的孩子，一些父母往往会哭笑不得，但又无可奈何。然而，任何事物都具有两面性，孩子爱搞"破坏"，同时也是他们具有极大创造力的体现。

你家里有"破坏大王"吗

　　晨晨刚上小学，生活中，他聪明活泼，招人喜爱，但他的表现常常让他的父母"抓狂"。

　　原来，晨晨喜爱拆解家里的各类玩具和电子产品。他常常趁着父母不注意的时候，把他看中的物品拆个七零八散。有时候，一件物品用得好好的，晨晨非得说这件物品已经到了"保养期"，必须拆解维修一番不可。

正因如此，在晨晨父母的眼中，儿子就是一个"破坏大王"，两人也为此管教了晨晨好多次，不过一直没有什么明显的效果，晨晨依旧是一副我行我素的态度，并且乐此不疲。

现实生活里，像晨晨这样的孩子，恐怕也不在少数。他们不是喜爱拆东西，就是给家里面的物品画上各类图案，洁白的墙壁更是不会放过。父母发现后，即使是狠狠地去批评他们一番，也总是无济于事，很难彻底纠正他们的"恶习"。

为什么有些孩子这么热衷于"搞破坏"呢？

实际上，大多数喜爱"搞破坏"的孩子，对外部世界都有着强烈的好奇心，探索欲望旺盛。于是在好奇心的驱使下，他们就会以"搞破坏"的方式，来自行解答心中的疑惑。收音机里面为什么会有人在说话？闹钟为何又能够准时响铃？所有这些有趣的奥秘，都让他们迫不及待地想要"搞破坏"。

巧妙引导，让"破坏大王"成为创造大王

喜欢拆东西、"搞破坏"，很多时候其实是孩子充满好奇心的外在体现。但有一些父母，面对孩子的"破坏行为"，常会出声制止，或者是以惩罚相威胁。使用这种教育方式，虽然表面上孩子会停止破坏

行为，似乎达到了"风平浪静""改邪归正"的效果，但久而久之，被压抑探索欲望的孩子，会逐步丧失他们本身拥有的宝贵的好奇心和求知欲。显然，一味地指责批评，对于喜欢"搞破坏"的孩子而言，是一种错误的教育理念。

聪明的家长，反而会珍视孩子的这份好奇心和探索欲望。在陪伴这类孩子成长的过程中，他们往往会故意买来一些玩具或电子产品，主动和孩子一起拆解研究，弄清楚里面的结构和电子线路走向，并鼓励孩子完美地重新组装复原，以此来激发孩子的动手能力和发明创造能力。

通过这种因势利导的教育培养，化被动为主动，并能够以极大的耐心持之以恒地坚持下来，父母们会在不久的将来发现孩子从"破坏"到"创造"的全新蜕变，一个充满创造力的孩子也会出现在他们面前。

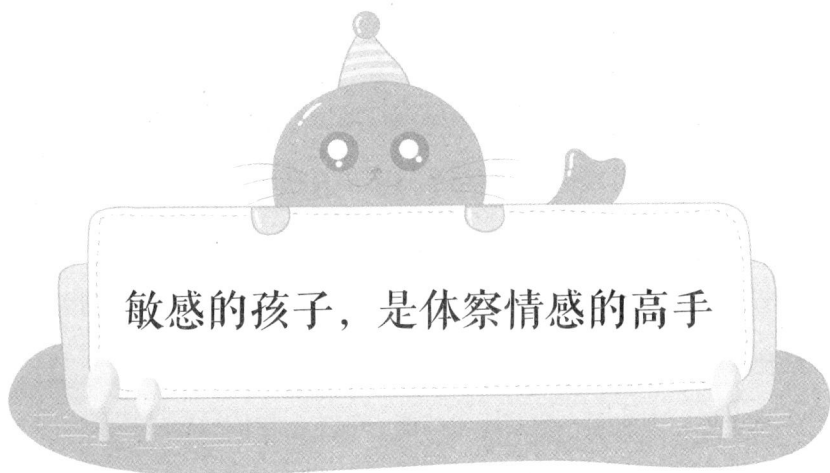

敏感的孩子，是体察情感的高手

在众多的孩子中间，存在着一类特别敏感的孩子，在和他们相处时，如果没有充分照顾到他们的情绪感受，就会导致他们出现较大的情绪波动，也许会生气地躲在一边，也或者哭闹个不停，会让人尴尬或不知所措。那么是不是因此就说，性情敏感的孩子身上没有优点了呢？当然不是。其实，只有走近他们，才能更好地了解这种性格类型的孩子，会发现原来他们竟然是体察情感的高手。

敏感的孩子，都有哪些行为表现呢

生活中，敏感的孩子都有哪些可以识别的行为表现呢？

首先是心思很多，遇到事情时会反复对比、思索、衡量。如果身边有敏感类型的孩子，和他们相处后就会发现，这类孩子心思非常细腻，联想丰富。

比如父母生气了，脸上神色冷淡，敏感性格的孩子往往很快就会发现这一情绪变化，并且暗自猜测是不是与自己有关。

又比如老师说某些同学近期学习状态不好，成绩倒退了很多。性格敏感的孩子，也很快会"对号入座"，认为老师批评的矛头指向的就是他自己。

其次是心理脆弱，承受压力的能力较差。性情敏感的孩子，因为爱"对号入座"，想得过多，内心情感丰富，可能稍微受到父母或身边人小小的批评指责，心情就会立即不愉快起来，就像是《红楼梦》里面的林黛玉一样，动不动就会闷闷不乐，或者是伤心流泪。

因此，在和性格敏感的孩子相处时，一定要学会充分照顾对方的情绪感受。

敏感孩子的身上，闪光点也有很多

心理脆弱、玻璃心、遇事爱多想，这些都是性格敏感的孩子的共性表现。然而，这种性格的孩子却是体察情感的高手，他们懂得换位思考，拥有强大的同理心和共情能力，这也是他们身上值得称赞的闪光点。

小敏就是这类性格的孩子，她心思敏感，能够从他人细微的神情变化中，察觉到对方的情绪和心理波动。

有时候忙于工作的父母，下班回家后脸上露出疲惫的神色，小敏看在眼里，就会把性格大大咧咧的弟弟拉到一边，督促他学习做作业，让父母能够多休息一会儿。而她自己，不用催促，会主动帮着妈妈做事，尽量让他们省心一点。

像小敏这样的孩子，性情敏感、心思缜密，能够及时体察对方的情感变化，懂得换位思考，设身处地地替他人着想。

所以，和这类孩子相处时，父母要针对他们的性情特点，多一份耐心，多一些疏导，不轻易对他们疾言厉色，尽量和孩子和颜悦色地相处。在充分了解他们细微心理的基础上，引导孩子变得更加积极阳光。

第五章

性格养成，
矫正儿童的常见不良性格

在儿童成长发育的过程中，也常会形成一些不良性格，如自私、叛逆、自卑等。如果不加以及时矫正的话，将会对孩子的未来发展产生较为严重的负面影响。不过家长们不必太过担心，不良性格的形成和定型，需要一个周期性的变化过程，一旦发现孩子身上有拖延、自私、嫉妒等不良性格萌芽时，父母及时指出并采取合理的方式引导，帮助他们克服和改正。

远离自私，让孩子懂得感恩

自私自利的孩子，只知道索取，不懂得回报，缺乏感恩心理，一切以自我为中心。对于这一性格类型的孩子，父母应采取一定的措施，让他们尽早改变自私自利的行为。

有些孩子为什么会变得自私自利呢

子羽是一个五岁的孩子，生活中的他，行为表现非常自私。比如家里有什么美味的食物，必须他先享用，不然就会和父母长辈使性子。

有一次，子羽妈妈的一个好朋友来他们家做客。来做客时，这位朋友还带来了自家的孩子，和子羽大小差不多。两个孩子很快玩在了一起，不过没一会儿，两人之间就爆发了矛盾冲突。原来那个小朋友想要玩子羽的玩具，子羽怎么都不愿意。

子羽妈妈见状，赶忙劝说子羽要学会和小朋友分享，但无论妈妈如何劝解，子羽就是不答应，最后生气的他，还任性地将玩具扔在了地上。等到吃饭时，子羽又把自己喜欢吃的菜端到自己面前，其他人谁也不许吃，妈妈气得把子羽拉下了餐桌，场面一度十分尴尬。

显然，案例中的子羽就是一个自私自利的孩子，这类孩子任何时候都必须以自我为中心，利益独占，不允许任何人和他分享，否则就各种撒泼哭闹，直到达到自己的目的为止。

那么，为什么有些孩子在成长的过程中，会变得如此自私呢？这里面有这样几个主客观影响因素。

一是和父母长辈的溺爱有关。现代社会中，经常出现爸爸妈妈、爷爷奶奶以及外公外婆六个大人独宠一个孩子的现象，所有人都会尽量给孩子最大的关爱。然而，过度关爱就成了溺爱，"衣来伸手，饭来张口"、百依百顺的娇纵式的养育方式，自然会让孩子在不知不觉中养成自私、唯我独尊的性格。

二是和孩子本身的年龄阶段有关。孩子一般从三岁左右起，逐步树立起了自我意识，他们希望能够从外部环境中得到自己想要的一切，占有欲较强。在这一阶段，倘若缺乏父母长辈正确的引导的话，就会形成自私的性格。

如何让孩子从自私转变为懂得感恩

一些父母觉得孩子太过自私，不懂得感恩和回报，担心这样下去，不利于他们将来的人生成长。家长们的担心不无道理。太过自私自利的孩子，不仅对父母长辈刻薄寡恩，以后他们走上社会，也很难有融洽的人际关系，很容易成为被排挤、被孤立的那一个。那么，如何教导孩子从自私变得懂得感恩呢？

引导孩子树立感恩意识

孩子自私，其中很重要的原因就是缺乏必要的感恩意识。在这方面，父母要注重多引导培养。比如，可以选择一些关于感恩的小故事，讲给孩子们听；或者是带领孩子多参加一些有关"爱的教育"的分享会；也可以和孩子一起加入志愿者组织，积极参与志愿服务活动，让感恩的种子悄然在孩子的心田萌发。

父母要起到带头作用，以身作则

美国心理学家班杜拉所提出的社会学习理论揭示了榜样的重要性。很多父母将其应用于家庭教育中，即孩童可通过仔细观察、模仿父母行为的方式去学会某种行为、形成良好习惯。

父母是孩子的第一任老师，父母的言行举止深深影响孩子的行为，因此，父母要严于律己，以身作则，给孩子树立学习的榜样。

比如，父母应孝敬家中的老人，给予老人更细致、贴心的照顾，家庭成员之间也应相互关心，给孩子营造温馨友爱的家庭环境，以此来起到影响引领的作用。良好的家风家教，对孩子性格的塑造与养成，有着显著的引领示范作用。

培养孩子的责任感

从日常生活的细节中，引导孩子树立责任感。平日里，父母可以鼓励引导孩子分担一些力所能及的家务活，这样不仅能有效增强他们的责任意识，也会使得他们对父母长辈的辛苦有更为直观深入的认识。从而使他们学会理解体谅他人，从心理和行为上逐渐发生转变。

【性格滋养】

对于孩子的自私性格，父母应当做到"三不要"。一不要急于去指责他们，进行道德上的批判，避免孩子心理上背负太大的压力；二不要急于求成，应耐心引导，一个人性格特征的改变，不是一朝一夕就能完成的；三不要讲太多的大道理，空洞的说教，效果并不佳，应以具体可见的行动去引领、感化他们。

摆脱自卑，给孩子展示的机会

在性格类型上，自卑和自信是对立的存在。自卑的孩子，胆小懦弱，缺乏信心和主见，没有勇气和胆量的他们，会错过很多人生的发展机会。所以，要找出孩子自卑的原因，让他们重新回归自信。

查找孩子自卑背后的成因

自卑，是孩子人生成长路途中最大的障碍之一。缺乏自信的他们，不敢去表达和争取，往往只能止步于梦想的大门之外。

仔细分析，引起孩子自卑的因素有很多。一个是外部环境的影响，这里面有来自父母的，也有来自学校和社会的。就父母而言，有些家长性格强势，望子成龙的心愿过于急切，总是觉得孩子没有达到自己的要求，生长在这种压抑气氛下的孩子，每天面对的是来自父母的批评和指责，很少能得到赞美和肯定，纵然他们已经非常优秀了，但是在这种环境下压抑久了，也会渐渐有了自卑心理。

学校和社会，也是一个不可忽视的重要因素。孩子在人际交往中，倘若因为个人外貌、穿着、谈吐等原因，经常被身边同学或小伙伴讽刺、嘲笑，也会变得不自信起来，进而导致他们产生自卑心理。

另一个是孩子自身的原因。一些孩子天生内向、胆小一些，在与人相处时，他们太过在意外人的目光和评价，很容易放大了自身的缺点，总是认为自己处处不如人，什么都做不好。这样一来，自信心一旦倒塌，内心就会被自卑的情绪侵占，从而导致这些孩子有畏惧社交的心理，不愿面对陌生人。

鼓励孩子展现自我，是治愈自卑的良药

孩子有自卑心理，很大程度上是因为他们潜藏的能力和才华没有被发现，缺乏展示的机会，看不到自己身上的闪光点。作为父母，要懂得引导孩子肯定自我，激发他们展现自我的勇气。

根据美国行为心理学家斯金纳提出的强化理论可知，当个体的行为得到某种支持、鼓励或奖励时，就会有意识地一遍遍重复这种行为。这一理论被频繁运用在儿童家庭教育中，比如，面对自卑的孩

子，每当他们取得突破性行为，或有了进步时，父母只要及时给予暖心的鼓励，一遍遍强化孩子的正向行为，就很容易治愈孩子的自卑。

昊林的妈妈在发现了孩子有自卑的心理后，她的一些做法非常值得学习。

有时妈妈在厨房里忙碌，便会鼓励昊林说："儿子，给妈妈唱一首歌放松一下，妈妈最喜欢你唱歌了。"

昊林唱了一首后，妈妈继续给他鼓劲儿："孩子你真棒，有你的歌声陪伴，妈妈竟然不觉得累了，快来再唱一首。"

得到肯定的昊林，脸上露出了快乐的笑容，他歌唱的声音也不由得大了起来。

为儿子辅导作业时，昊林妈妈也会故意做错一些简单的题目。昊林看到后，连忙给妈妈指出来。妈妈趁机将主动权交给昊林："我真的讲错了吗？来，你给我讲一讲这道题正确的做法。"

感到被重视的昊林，就像是一个小大人一般，高兴地讲解了起来。讲解过程中，看到妈妈一脸认真的模样，昊林心理上获得了极大的满足。当昊林讲完题后，昊林妈妈及时夸起儿子："孩子你讲得真好，条理特别清晰，是个当老师的好苗子呢！"

妈妈的鼓励给了昊林极大的成就感，使得他主动学习的劲头更大了，自信心也得到了很大的提升。

从昊林妈妈的育儿经验中不难看出，对于有自卑心理的孩子，父母要多去肯定他们，鼓励他们，强化他们的正向行为，给他们展示自我才华的机会。在孩子不断展示自我的过程中，他们的自尊和自信也就会慢慢地树立起来。

跳出自我，帮孩子交朋友

　　生活中，有这样一些孩子，他们常常把自己封闭在自我的一片小天地里，不愿和同龄的小伙伴玩耍。缺少朋友的他们，渐渐地变得沉闷消极，也越来越孤独。怎样才能帮助这些孩子从自我的天地里跳出来，让他们在外面广阔的世界里结交到更多的朋友呢?

孩子太过自我的表现和成因

　　性情自我的孩子，常会一切以自我为中心，沉浸在自我的一片小小天地里，将心门封闭，不愿和外面的世界有过多的接触。

　　在人际交往上，这一性格类型的孩子，往往显得有些不合群，或太过自我，或防御心理过重，难以有效融入大集体中去。

和这些孩子形成鲜明对比的是，其他小朋友都能够结交到很多小伙伴，唯有他们，形单影只，独来独往，如离群的孤雁一般。

这些孩子为什么偏好沉浸在自我的世界里呢？分析里面的原因，和他们的家庭环境和成长历程，都有着一定的关系。

家庭环境上，父母长辈对孩子溺爱，有求必应，这就导致孩子容易形成以自我为中心的心理，性情孤傲自我，不愿和身边的小朋友交往。

成长历程上，在一些独生子女家庭中，孩子没有兄弟姐妹，成长环境相对孤独很多，身边缺乏和他们良性互动的同伴。因此，当他们逐渐长大时，潜意识里也会对同龄的小朋友产生排斥心理，一旦有小朋友主动接近他们，内心自然会不由自主地涌起防御意识，这也导致这些孩子越来越"自我"，习惯了独来独往的生活状态。

孩子本身的自我意识也在其中起到了一定的"阻挡"作用，当两三岁的孩子在自我意识萌发之后，他们就会步入一段"物权敏感期"，在这一阶段，孩子不愿和其他小朋友分享自己的一切。如果父母不能及时引导的话，会在无形中延长孩子的"物权敏感期"，进而导致他们不愿去接近身边的小伙伴们。

当然，有时候孩子本身阳光活泼，然而有时随着他们生活环境或学习环境的改变，比如搬离他熟悉的城市，或者是突然转入了一个新的学校等，面对陌生的环境，孩子担心被拒绝、被伤害，也容易变得自我封闭起来。

帮助孩子打破"自我封闭圈"

和孩子相处的过程中，父母要留心观察孩子的一举一动，当发现他们的自我意识太过强烈，身边缺少小朋友时，要及时帮助他们打破"封闭圈"，积极创造条件，鼓励他们和周围的小伙伴们愉快地交往。

多带孩子参加户外活动，让他们接触到更多的同伴

让孩子跳出自我，一个简单有效的办法就是扩大孩子的社交圈。平日里，有空的话，可以陪孩子到活动中心参加运动；节假日时，也可以多带孩子前去公园、游乐场休闲娱乐。

这些地方都是小朋友聚集的场所，孩子在这里可以接触到更多同龄的小伙伴，对锻炼孩子的社交能力和沟通能力，都有着显著的效果。

教会孩子懂得分享

孩子自我意识强烈，习惯以自我为中心，这会助长他们的自私自利的性情，不懂分享，自然就没有小朋友愿意和他们在一起玩耍了。

所以，父母想要让孩子真正地跳出自我，一方面在平日里的生活中，要多向孩子灌输分享的意识；另一方面，也要创造条件，让孩子能够积极主动地参与其中。

比如，可以在适当的时候，邀请身边的邻居、亲友、同事家的孩子来家里做客，然后鼓励孩子拿出自己心爱的玩具、书籍等物品，学

会和小朋友分享。

不过需要注意的是，让孩子学会分享，不能靠强迫，可以让他们通过做游戏等有趣的活动，在"角色互换"中感受到分享的快乐。

告别拖延，教孩子制订计划

拖延，是大多数孩子身上常见的行为习惯。大脑里缺乏时间观念的他们，做事拖沓，即使是遇到一些非常紧迫的事情，这些孩子也非要磨磨蹭蹭拖延上半天。面对孩子的拖延，家长们是否真的一筹莫展呢？

你是否因为孩子的拖延崩溃过

家庭生活中，父母常会害怕看到这样的画面：已经督促孩子写作业好几次了，但孩子还是一副慢悠悠的样子，一会儿起来接杯水放在桌子上，一会儿又跑到卫生间半天不出来，磨蹭了一两个小时，作业才写了半页而已。

或者是父母急着要带孩子出门参加活动，而孩子却不紧不慢地洗脸、刷牙，等到收拾好了，大半个小时的时间已经过去了。父母急得直跺脚，刚催促他们几句，孩子还振振有词地辩解：催那么急干嘛？人家总要收拾好才行，这不需要点时间呀？一句话，让父母干着急却又无可奈何。

类似这样的场面实在是太多了，做作业始终进入不了状态，吃饭也是有一口、没一口地磨磨蹭蹭，做事更不用说了，拖拖拉拉已经成了他们的常态。

面对这种局面，父母急在心头，孩子却是一副事不关己的模样，不知道有多少次，为了督促孩子改掉拖延的毛病，没有什么好办法的父母，精神都快要被折磨得崩溃了。

事实上，拖延是许多孩子都有的不良习惯，只不过拖延的程度轻重不同而已。孩子爱拖延，除了天生性子慢之外，最为关键的一点，是年幼的孩子大脑中缺乏时间意识，做事没有计划性，由此导致大把大把的时间从指缝间悄然溜走而浑然不知。

父母必须意识到，一旦从拖延行为发展成为拖延症，会极大地影响孩子身心的健康发育，也会因为拖延错失许多机遇，将不利于孩子的人生发展。

从强化时间意识入手，让孩子在计划制订中受益无穷

　　思悦曾经是一个学习、做事爱拖延的孩子，任何时候都比别人慢半拍，因为思悦的拖延行为耽误了许多事情。后来，思悦和父母都共同认识到了拖延行为的危害性，在父母的帮助下，思悦从强化时间意识、加强时间管理入手，给自己的生活制订了一个详细的计划表。

　　在这份计划表中，从早上起床开始，包括洗漱、吃饭在内，都有明确的时间限制。晚上放学回家后，看多长时间的电视节目，做作业需要花费多久，也都有一定的时间要求。

　　为了让计划表中的时间要求落到实处，思悦的父母还在一旁起着监督作用，要求她一个星期一总结。在父母的监督下，思悦逐渐改正了拖延习惯。她的父母看在眼里，随后又教思悦制订了一个大的计划表，这份大计划表规定了一个学期内，思悦应该达到一个什么样的自律程度；一个学年下来，思悦在自律方面又要进步多少。

　　果然，尝试制订时间计划表并严格遵守计划表的思悦，变得积极勤奋、主动起来，她喜人的蜕变，自然也让父母乐在心头。

　　教孩子制订计划，是引导孩子珍惜时间、提升他们对时间的敏感度的好办法，对消除孩子身上存在的拖延习性效果显著。

孩子倔强叛逆，不妨试着"套路"他

在孩子人生成长的过程中，伴随着他们年龄的增长，性格也会变得倔强起来，行为上也多有叛逆的举动。遇到这种情况，家长们又该如何有效应对呢？

你家的"熊孩子"有多倔强呢

每一位父母都深知养育孩子过程中所经历的种种艰辛。他们身体发育迟缓了，父母会担心；他们身体不舒服了，爸爸妈妈也会揪心万分……

对于父母来说，在伴随着孩子成长的过程中，真的是每一步都充满了挑战，也让他们操碎了心。

好不容易等到孩子学会了走路、能够完整流畅地表达了，父母还未来得及松口气，就会有惊讶地发现：孩子学会了倔强、叛逆、使小性子，真是让人头疼。

从孩子两三岁起，逐渐有了自我意识的他们，一旦不合自己的心思，就会用叛逆的语言或行动，对周围的人和事表达"不满"。

比如一些尖锐锋利的物品存在潜在的危险，爸爸妈妈再三叮嘱孩子不要触碰，谁知一不注意，孩子就非要前去一探究竟，怎么劝说都没用。

当孩子逐渐变得倔强叛逆时，类似的行为数不胜数，动不动就是"不"字当头，稍有不满就用哭闹的方式表达抗议。任凭父母磨破了嘴皮，他们就是"软硬不吃"，就是要和爸爸妈妈对着干。

面对这些以"不行""不要""我偏不"为口头禅的"熊孩子"，父母究竟应该怎么做呢？

学会"套路"孩子，几个小妙招轻松搞定

父母面对性情倔强叛逆的孩子，真的是束手无策了吗？当然不是。根据孩子的性格特点，因势利导，采用一些小招数，反向去"套路"他们，就会收到意想不到的效果。

🐝 直击痛点

直击痛点，是指拿孩子关心的问题引导他、鼓励他，以此来达到"套路"他的目的。比如孩子不爱吃蔬菜，父母不妨这样说："吃蔬菜可以让你长得更高更帅，难道你真的不想长高吗？"

这样一来，孩子为了自己的"美好帅气形象"，自然就会乖乖配合，不吃蔬菜的问题也就得到解决了。

🐝 榜样激励

投其所好，不妨以孩子崇拜的对象来激励他、鼓舞他。比如当他不肯听话时，知道平时他崇拜人民子弟兵，家长就可以说："你还说以后要当一名军人呢？军人都是服从命令听指挥，你的小倔脾气该改一改了！"这些话语，自然能够让孩子变得配合很多。

🐝 非你莫属

非你莫属，就是通过夸赞孩子，让他树立起责任心，改掉倔强不配合的缺点。比如孩子的衣服丢得到处都是，屡次管教都不听。父母不妨这样说："儿子快来，你叠的衣服特别整齐，妈妈叠的都没有你叠得好，妈妈要看看你怎么做到的。"孩子被认可，让他感觉自己非常重要，也就心甘情愿听从安排，一切就都迎刃而解了。

【性格滋养】

性格倔强叛逆，是孩子成长过程中的一个必经阶段，只是不同个体存在着时间长短或程度上的差别。父母在和孩子相处的过程中，要用一颗平常心来对待孩子的叛逆行为，选择硬碰硬地对抗，只能是适得其反。因此，采取一些必要的小技巧、小套路，换一种劝说的方式，会收获意想不到的惊喜。

孩子经常耍无赖怎么办

孩子的童年，就如炎炎夏日一般，前一刻还是晴空万里，后一刻就因为一些小小的要求没有得到满足，便会"乌云密布"，瞬间变脸甚至哭闹耍无赖。面对孩子的哭闹，粗暴制止显然治标不治本；无底线地满足他，只能是让他越发变本加厉。对此，很多父母苦恼不已，不知该如何应对。

孩子爱耍无赖，背后的原因是什么

嘉嘉的妈妈，最近对孩子耍无赖的行为一筹莫展。在没有上幼儿园之前，嘉嘉还是一个比较乖巧懂事的孩子，等到他入园后，习惯妈妈陪伴的嘉嘉，突然变得不适应起来。

一天早上起来，外面倾盆大雨，被妈妈叫醒后的嘉嘉，望着窗外的大雨，忽然"计上心来"，他请求妈妈说雨太大了，又是闪电又是打雷的，今天能不能先不去幼儿园了？

心疼孩子的妈妈，心一软也就答应了，并给嘉嘉告了假。实际上，那天的雨并没有持续多长的时间，很快便风停雨住了，妈妈刚说重新上学的事情，嘉嘉就一脸不高兴地跑开了，妈妈见了，也就没再提这件事情。

找一个小小的理由，就可以不用上学了。尝到了甜头的嘉嘉，只要哪天不想上学，就会各种找借口。时间长了，妈妈也识破了他的小伎俩，可是如果妈妈非要坚持的话，嘉嘉就躺在地上"干嚎"，直到妈妈妥协为止。

就这样，学会了耍无赖的嘉嘉，越来越得寸进尺，生活中稍微遇到让他不顺心的事，嘉嘉就会拿出这一"绝招"，逼迫妈妈就范，也因此屡屡得逞。

从嘉嘉的行为表现中不难看出，他从一个乖孩子，慢慢变得爱耍无赖起来，是因为他的一些不合理的要求每次都能够被满足，因此才以此为手段，一步步得寸进尺。

除了这一原因之外，孩子爱耍无赖，还因为他们随着自身年龄的增长，内心有自己的想法和要求，但此时心智还不是太成熟的他们，不会合理表达和控制自己的情绪，因此只能以耍赖这种方式来引起父母长辈的关注，从而重视并满足他们看似"无比合理"的要求。

孩子耍无赖不要慌，巧妙应对是关键

面对孩子耍无赖的行为，家长需要明白的是，一定要坚持自己的原则，不能溺爱孩子，那样只会让他们变本加厉，更加无理取闹。但是，采用粗暴的方式去制止，也不是一个好办法，其实可以采用以下小妙招来应对。

激起孩子的同理心，化被动为主动

以孩子不想上学为例，在他们耍赖哭闹时，采用暴力或一味给他们讲道理，效果都不会太明显。这时父母不妨改变策略，化被动为主动，这样对孩子说："昨天放学的时候，你刚认识的小朋友，今天特别期待能见到你。假如你今天不去的话，你的那些小朋友肯定会很伤心难受的。换作是你，期望落空，是不是也非常难过呢？"

这样的说辞，会让孩子换位思考，激发他们的同理心，自然就能愉快地上学了。

学会转移孩子的注意力，让孩子脱离不良情绪

孩子耍无赖，大多是因为特定的某件事情引起的。比如非要去玩游戏，或者非要购买他相中的某款玩具。大多数父母遇到这种情况时，一般会劝说孩子放弃。然而越劝说，孩子越执拗，最后不惜以耍无赖的方式求得满足。

正确的做法是，学会转移孩子的注意力，比如用另外一件有趣的事情去吸引他们，当孩子从当下的不良情绪状态中解脱出来，面对另一个新鲜事物时，他们就会很快将刚才的事情抛之脑后，问题自然也

就能得到较好的解决了。

立好规矩，不轻易妥协

当事情得以解决，且孩子情绪稳定之后，父母和孩子要一起对整件事加以梳理。然后立好规矩，严肃告知孩子不可以耍赖的方式来达到自己的目的，这样是行不通的。给孩子立好了规矩，明确了原则，且不轻易妥协，孩子心中就会知道以耍赖的方式获取自己想要的东西是行不通的，今后就会以更合理的方式来处理问题。

帮孩子排解嫉妒与攀比

　　嫉妒和攀比心理，是阻碍孩子身心健康发育的两大"拦路虎"。嫉妒与攀比心理，容易让孩子失去理智的思维，会让他们产生焦虑、怨恨的负面情绪，如果不能对他们进行合理的引导，会让孩子误入歧途。

孩子爱嫉妒怎么办

　　对于每一个人来说，几乎都存在着一定的嫉妒心理。实际上，嫉妒心理是人类一种原始的情感，只要在社会群体中生活，就不可避免地会产生嫉妒的心理，关键在于如何正确地应对。

　　具体到孩子身上，他们在自我意识萌发之后，在和外部环境接触的过程中，也会产生相应的嫉妒心理。比如当父母长辈当着孩子的面夸奖别的孩子时，孩子便可能对被夸奖的孩子产生嫉妒心理；小伙伴总是处处表现比自己好，自己怎么也追赶不上时，孩子也可能心情复杂，甚至有些嫉妒。

　　简言之，只要存在着对比，嫉妒就不会消失。实际上，适当的嫉妒是孩子情绪的正常反应，但如果嫉妒过度，看到别人好的地方，就一肚子不高兴，长久下去，会影响孩子健康的身心发育。父母在察觉孩子有较为严重的嫉妒心理后，可以采取这样几种方式加以化解。

　　一是不刻意去比较孩子。一些家长为了激励孩子，常把"别人家的孩子"挂在嘴边，甚至不惜抬高对方，贬低自家的孩子。这样做，也许一次、两次没什么，然而时间长了，就会让孩子产生严重的嫉妒心理。

　　明白了这一点，父母在教育引导孩子时，不要刻意拿自己的孩子和别人家的孩子相比，即使要比较，也要注意突出自家孩子身上的优点和长处，让孩子能够从中得到心理上的平衡，这样对化解孩子的嫉妒心理有着显著的效果。

　　二是善于引导，将孩子的"嫉妒心"转化为竞争上的动力。

　　一般情况下，凡是嫉妒心强的孩子，他们争强好胜的心思也非常强。家长需要做的是，将孩子的嫉妒心加以合理的转化，让孩子明白唯有脚踏实地、沉下心来努力学习，在付出了辛苦的汗水之后，才能收获理想中的成功，才能缩小与别人的差距，乃至实现超越，这里面从来没有捷径可走。

孩子爱攀比怎么办

从本质上看，嫉妒和攀比心理都是基于对他人的羡慕而产生的一种不满情绪。但和嫉妒相比，喜爱攀比的孩子，行为表现更为外在直接一些。比如他们看到身边的小朋友穿着好看的衣服，也会要求父母给他们购买相同的服饰；看到同学手上戴了一块好看的电子表，也会想方设法买一块同样款式的电子表佩戴。

显而易见，孩子的攀比心，实际上是他们内在的虚荣心在作祟，在这种心理的驱使下，他们会热衷物质上的追求与炫耀，比美，比富，比吃喝穿戴，从而忽略了精神层面和内在素养的提升，其中的危害性非常明显。当孩子攀比心理太盛时，家长们又该如何有效应对呢？

首先，父母要以身作则，不给孩子做追求虚荣的反面例子。环境对于孩子的心态养成有着重要的导向作用，如果父母喜爱攀比，在潜移默化中，也会影响到孩子的人生观、价值观，让他们也变得爱慕虚荣起来。

其次，教导孩子树立正确的金钱观，不要将金钱看得过重，也不要成为金钱的奴隶。在金钱消费上，以"用之有度"为准则，需要消费的时候，要把钱用到最需要的地方，不大手大脚，不铺张浪费，更不要为了所谓的攀比，任意挥霍。一旦树立正确的金钱观，孩子也就不会产生攀比心理。

最后，当孩子有攀比的苗头时，家长要给孩子灌输知足常乐的思想。在自己的能力范围内得到的东西，才会心安理得。超越个人的能力范畴，过分追求那些不切实际的东西，必将付出沉重的代价。

如何破解孩子的冷漠与暴力

在孩子的成长过程中，最令父母"受伤"的是，不知道从什么时候起，孩子逐渐变得冷漠和暴力起来。他们和父母的关系变得疏远不说，有些还带有一定的暴力倾向。对于这一性格类型的孩子，又该如何将他们从冷漠与暴力中拉回来呢？

孩子冷漠和暴力的具体表现都有哪些

和阳光开朗、自信活泼的孩子相比，性情冷漠且具有暴力倾向的孩子在具体的行为表现上，有着诸多鲜明的特征。

一是和父母相处时态度冷漠，缺乏热切的回应。

观察身边的孩子，当他们的性情变得冷漠时，在行为表现上多孤僻冷淡，他们的脸上很少有开朗的笑容，永远摆出一副"拒人于千里之外"的神情。

和父母相处时，这类孩子常默不作声，有心事也不愿说出来和父母分享，喜悦、愤怒、怨气等，全部都压在心里面。即使父母去追问他们，他们也冷漠以对，态度冷淡。

在家庭内部，有时父母之间偶尔闹矛盾，性情冷漠的孩子对眼前的一切都熟视无睹，置身事外，冷眼旁观，好似这些矛盾纠纷都和他们完全无关一样。

二是喜欢说一些带有语言暴力的话语，沉迷网络暴力游戏。

有一些性情冷漠的孩子，拒绝和亲人、朋友交流沟通，封闭自我，时间长了，会导致心理疾病的产生，行为举止带有暴力倾向就是最为显著的标志。

表现在语言上，当他们和身边人产生冲突时，常会说一些具有威胁性的话语，表明自己不好惹的态度。

在现实中性情孤僻的他们，常会在网络上寻找宣泄口，一些带有暴力倾向的游戏，就成了这些孩子的最爱。

温和以待，消除孩子身上存在的冷漠与暴力

孩子变得冷漠与暴力，自然是他们的成长环境出现了问题，缺少对孩子的关爱。因此，父母应当对孩子温柔以待，从关怀他们的角度

出发，逐步消除孩子身上存在的冷漠和暴力。

给孩子一个良好的成长环境

当孩子们生活在一个缺乏温情、充满矛盾冲突的家庭环境中时，他们耳闻目睹的，都是亲人之间无休无止的争吵，长此以往，这些得不到亲情关爱的孩子，就会变得冷漠起来。明白了这一点，在日常生活中，父母就应当为孩子营造一个温馨友爱的家庭氛围，长辈之间和谐相处，长辈和晚辈之间也相互关心，相互体谅，和睦相处。所有这些，无疑都是化解孩子冷漠性情的暖心举动。

温和以对，切忌"以暴制暴"

有这样一些家长，他们在发现孩子性情冷漠，甚至有暴力倾向时，便会怒气冲冲，试图用暴力的方式，将孩子从错误的轨道上拉回来。殊不知，以暴制暴的处理方式太过激进，只会助长孩子的逆反心理，结果反而会变得更加糟糕。正确的做法是，父母应拿出温和的态度，坐下来耐心地与孩子沟通，关心孩子，探寻孩子性格偏激的心理成因，用亲情和柔情去感化他们。

多带孩子参加社会公益活动

孩子性情冷漠，并非不可逆转。在人的天性里面，善良是镌刻在基因深处的良性种子，所以在条件允许的情况下，要多带孩子参加各种公益类、爱心类的活动，如看望孤寡老人，参与社会爱心捐赠等。通过这些方式，来激发孩子内心潜藏着的良善因子，这将有助于孩子重新找回阳光活泼的自己。

不要以爱之名，束缚儿童成长

在陪伴孩子发育成长的过程中，一些家长常常打着"一切为了孩子好"的旗号，干涉孩子的一切。实际上，爱是自由的，孩子是自由的，父母应该学会放手，让孩子能拥有自由的成长空间。

不要去束缚儿童成长的天性

世上最深沉的爱，是来自父母的爱。从衣食住行到人生成长与发展，父母都为孩子操碎了心。然而有时候抚心自问：那些以"爱"的名义干涉孩子言行举止的行为，真的是对孩子好吗？

韦博生活在一个幸福有爱的家庭里。日常生活中，父母倾尽一切，力所能及地为他创造优越的成长环境。在外人眼中，韦博应该快乐幸福无比，然而，韦博自己却"有苦说不出"。

原来，从他懂事起，韦博的一举一动，都在父母的关注之中。比如，早上出门，明明温度适宜，妈妈却非要逼着他穿上厚厚的衣服，说外面刮风了，担心他受凉。

学习累了，韦博想放松一下，刚拿起一本课外书，妈妈便冲了过来，一把给夺了过去，教育他说："马上就要期末考试了，你可要好好复习，考上好学校，才会有好的发展，妈妈知道你累，可这都是为了你好。"

类似的事例还有很多很多。有时候韦博深思熟虑，决定好了一件事情如何去做时，谁知妈妈已经将计划给拿了出来，还喋喋不休地嘱咐儿子具体去做的时候需要注意的事项。唯恐儿子记不住，她还不厌其烦地反复叮咛，这让韦博苦恼万分，感觉不到一点成长快乐的他，一度有了远远逃离这个家庭的想法。

韦博的妈妈爱自己的孩子吗？答案自然是肯定的。然而妈妈的做法，对韦博来说真的是好的吗？答案又是否定的。韦博妈妈的问题，就是打着"爱"的旗号，处处限制和干涉韦博的一切，忽略了儿子内心真正的需求。所以这种爱的方式，又怎么能够说是真正的爱呢？

放手吧，给孩子成长的自由

如果要问，孩子真正的成长是什么？相信人们也都会明白，只有经历实践的锻炼和生活的磨炼，才会让他们真正地成长、成熟起来。温室里的花朵，永远经不起风雨的摧残。父母以"爱"的名义，束缚了子女的人生成长，这是对孩子的伤害，并不是爱。

真正地爱孩子，就是要给孩子自由成长的机会，他们自己能做的事情，就放手让他们自己去做。比如简简单单的吃饭穿衣，孩子能自己独立完成的话，父母又何必多此一举，自作主张地代替他们去做呢？

孩子都有自我探索成长乐趣的需要，父母不要担心孩子做不好，或者是做错了，即使出现了小小的失误，又有什么关系呢？所以，尽管放心大胆地让孩子去做、去学、去逐步掌握独立生活的技能，这样他们才能真正地成长起来。

真正地爱孩子，遇到问题时，应当尽量让孩子自己去解决，父母少一些唠叨，少一些指责，放手让孩子大胆去尝试，每一次跌倒后爬起来，对于孩子来说都是一次新的开始，只有让他们在经验和教训中经受住考验，他们才能一步步成熟稳重起来。

真正地爱孩子，就要学会尊重孩子的个性，释放他们的天性。要知道爱是宽阔的海洋，而不是牢不可破的枷锁，给孩子以充分成长的机会，尽可能地让他们自主选择未来的人生路径，这才是真正的爱。

第六章

性格优化，
给儿童足够的成长空间

在父母和孩子的相处中，一些父母常常忽视给予孩子足够的成长空间。在这些父母看来，只要给孩子提供必要的衣食住行等基本生活条件，平日里多去关爱他们就足够了。

　　实际上，在孩子渐渐长大的过程中，他们需要慢慢学会独自去成长，相比物质生活的满足，孩子的性格、性情更需得到逐步的优化，拥有好的性格和行为习惯，会让他们未来的人生路径变得更加宽广。因此，父母要懂得放手让孩子去探索、去长大，给他们一个足够自由的成长空间，让他们变得更为优秀出众。

独立：不要剥夺孩子尝试的机会

在孩子的成长教育上，父母请不要随意剥夺孩子独立尝试的机会。很多父母在教育孩子的问题上，常犯的错误是热衷于"越俎代庖"，他们越是替孩子包办一切，就越会让孩子缺乏锻炼的机会，很难独立成长起来。真正的陪伴和教育，是能够让孩子养成独立生活的好习惯，孩子未来的成长之路，也才因此变得宽广起来。

敢于试错，孩子才能得到真正的成长

孩子能够健康成长的要素究竟是什么呢？一些家长认为，良好的家庭条件和优越的家庭背景必不可少，只要在衣食住行上无须孩子操心，努力给他们提供优越的生活条件，帮孩子打理好一切，他们就能快乐地茁壮成长。

事实果真如此吗？当然不是！敢于让孩子试错，让他们勇敢地去尝试，这才是最好的陪伴和教育。

仔细观察生活中的一些父母，他们出于对孩子的关心和爱护，从吃饭到穿衣，从生活到学习，非要事事处处替孩子着想，这种关爱，明显超越了限度。

孩子明明学会走路了，因为担心孩子磕着摔着，父母出门就抱着孩子，不让他们进一步锻炼独自行走的能力；孩子会用勺子吃饭了，但每次用餐，父母长辈依旧习惯动手喂他们，害怕孩子烫着噎着；孩子刚想自己动手穿衣，父母却唯恐孩子穿不好，又不由分说地出手帮忙……

总之，很多孩子已经能够独立完成的事情，或者说他们愿意去努力尝试的事情，却被"体贴"他们的父母伸手给阻止了。如此，无疑在无形中剥夺了孩子尝试的机会。

实际上，敢于让孩子尝试和试错，才能让孩子得到真正的成长。一些父母总是急于将生活中的各种经验结论告诉孩子，他们这样做，看似是无微不至的爱和关怀，然而却让孩子错失了试错这一宝贵的学习机会。

孩子独立穿衣服，衣服穿反了穿错了都没关系，吸取了经验教训，他们在下次或再下一次时，一定会改正过来；孩子喝汤烫了嘴，父母也不要心急担忧，这一次小小的疼，会让孩子长记性，下次他们会加倍小心，避免再次被烫到嘴。

正是在一次次尝试、一次次试错的实践中，孩子才一步步树立起了对这个世界全面的认知和合理的判断。

孩子的人生舞台，由他们自己做主

世间每一个孩子，都是独立的个体，他们对于自己的生活和未来，有自己的想法和期待，父母不应以爱的名义，将自我的意志强加在孩子身上，阻挡他们探索和尝试的步伐。

聪明的父母，都知道去尊重孩子，从不会剥夺孩子大胆尝试的勇气和机会，反而会鼓励孩子自己做出决定，培养其自主学习和实践的能力，让他们在独立成长的过程中，去一步步把握自我人生发展的方向。

当然，鼓励并肯定孩子去积极地尝试，并不是说完全放手不管。在这里，父母要做好这样两个方面。

其一是监督。孩子在尝试的过程中，往往因为经验不足，免不了会犯这样或那样的错误，有时还会对他们的人身安全带来一定的威胁。

父母所要做的，是在一边密切注意观察孩子的举动，做好必要的安全防护工作，直到孩子完全独立、熟练掌握为止。

其二是给孩子以正确的建议和引导。在孩子独立成长的问题上，虽然鼓励孩子自己尝试做主，但父母还是要适时适度地给出合理化的建议和意见。

比如有些孩子热爱音乐，痴迷绘画艺术，他们想要在这一领域有所作为。对于孩子的想法，父母在表示支持的同时，也应结合孩子自身的条件与天赋，提出正确的建议以供他们参考，避免孩子因选择不当而多走弯路。

【性格滋养】

在孩子的一生当中，拥有良好的性格至关重要。敢于尝试，勇于试错，努力学会独立成长，这些都是孩子逐步变得优秀的必要条件。所以，在孩子的教育和引导上，父母要能充分给予孩子自由成长的空间，让他们拥有更多的选择权，放手让孩子去他们感兴趣的领域尝试，一旦认定方向是正确的，就要鼓励和督促他们坚持下去，努力去成就更好的自我。

探索：不要扼杀孩子的好奇心

为什么太阳会东升西落呢？大海里都隐藏有哪些不为人知的奥秘？风是怎样形成的呢？孩子大脑里各种奇奇怪怪的问题，正是他们对神奇大自然充满强烈好奇心的体现。有好奇心，才有探索的欲望和求知的无穷动力，对于孩子的好奇心，父母应当学会重视和合理引导，进一步激发孩子的想象力、创造力。

请不要漠视孩子的好奇心

当孩子有了初步的自我意识之后，父母们会突然发现，自家孩子会提出很多奇怪有趣的问题。身边事物总是能够引起他们极大的好奇心，一有机会，便会缠着父母问个不停。

更有一些孩子，在自身强烈好奇心的驱使下，会像一名小小的科学家一样，通过悄悄地做实验等方式，在探索中来验证他们内心的猜想。

显然，孩子的奇思妙想以及他们尝试探索的举动，是他们好奇心的外在体现。当父母发现孩子拥有极大的好奇心之后，又该如何正确处理呢？

在对待孩子好奇心的问题上，有些父母的做法非常简单粗暴，他们对孩子感兴趣的问题丝毫不感兴趣，把孩子的实验探索行为统统视作调皮捣蛋。

比如当孩子提出疑问时，期待获得大人的合理解答，然而这些父母会表现得非常不耐烦："你还小，问这些问题干什么？"

他们也或者会说："你好好学习就行了，长大了你自然就懂了。"

要知道孩子的好奇心以及探索行为是无比宝贵的，充分体现了孩子在成长发育过程中创造力的大发展。倘若父母无视孩子的好奇心，甚至以粗暴的言行制止他们的探索求知欲望，就会极大地扼杀孩子的创造性思维，这无疑是一种非常不明智的做法。

明智的父母，会鼓励、引导、激发孩子的好奇心，即使他们在探索新奇的事物中出现了一些破坏性的行为，父母也会及时去安慰他们，永远让孩子保持旺盛的求知欲。

让孩子永葆好奇心的秘诀

享誉世界的大物理学家爱因斯坦说过："好奇心是最好的老师。"当孩子对身边的事物产生强烈的好奇心时，也就意味着他们内心深处智慧的大门已经悄然开启，孩子的好奇心越强，他们的想象力就会越丰富，创造力也就越高，会思考，会主动学习，而具备了这些，也就会为孩子的成才铺垫了坚实的基础。

那么，如何才能让孩子始终保持旺盛的好奇心和探索欲望呢？

善待孩子的提问

好奇心强的孩子，总会不断有新的发现，会不停地问问题，脑海中的奇思妙想非常多，他们有超强的观察力和思考力，提出的问题，有时连父母都不知道该如何解答。

对于这样的孩子，父母不应表现得不耐烦，而应拿出足够的耐心与孩子认真探讨。能当场解答的，就及时回应孩子；不能当场解答的，可以告诉孩子等自己弄清楚之后，会第一时间和他沟通交流。

鼓励孩子积极探索

孩子的好奇心背后，常会伴随着不知疲倦的探索欲。对此，父母要积极地鼓励孩子，给孩子探索的时间和空间。

比如孩子想要做一些科学小实验，父母不仅不要干涉他们，而且在条件允许的情况下，还应给他们提供实验的道具，并邀请他们在做完实验后分享相应的心得体会。

丰富孩子的业余生活

孩子的业余生活越丰富，眼界越开阔，他们就越能接触到更多新鲜有趣的事物，越能激发好奇心和思辨能力，头脑里的"十万个为什么"越发源源不断地涌现出来。

因此在节假日，父母要多抽出时间，陪孩子到外面走一走、看一看，还要多主动向孩子提问题，激发他们的求知欲，点燃孩子内在的创造性思维。

自信：善于发现孩子身上的闪光点

每一个孩子都有自己的长处，也有缺点和不足。过于放大孩子的短处，会让孩子形成自卑心理，遇事胆小懦弱，畏惧不前；反过来，善于发现孩子身上的闪光点，在积极的肯定中，孩子会变得越来越阳光自信。和孩子相处，你会选择哪一种方式呢？

不要紧盯着孩子的缺点不放

孩子身上有没有缺点呢？当然有。任性、贪玩、浮躁、缺乏自律等，都是他们身上明显存在的不足地方。每一个孩子身上，总会有这样或那样的缺点。

"金无足赤，人无完人。"从大的方面看，放眼古今中外，即使是那些做出许多伟大成就的历史人物，他们的身上也存在着很多的不足之处，更何况是孩子呢？父母如果不能够明白这样的一个道理，苛求孩子完美无缺，每天紧盯着孩子身上的缺点不放，对孩子的自信心将会带来极大的打击。

乐乐性格顽皮，生活中的他，是一个有些邋遢的孩子。衣服脱掉了，不知道规规矩矩整理好；玩具玩够了，就随手丢在一边，缺乏耐心去收拾，这也使得家里看起来总是乱糟糟的。

实际上，除去这些，乐乐身上的优点也有很多，比如聪明上进，学习勤奋，富有爱心。然而在爸爸的眼中，乐乐就是一个一身缺点的"坏孩子"，每次看到家里凌乱的场景，爸爸就会对乐乐大发脾气，各种指责。

时间长了，乐乐变得沉默寡言起来。最明显的一个变化就是学习成绩开始逐步下滑。一开始，乐乐爸爸还不明白是怎么回事，后来通过和老师沟通，又和乐乐交心，才明白由于自己平日里一直揪着孩子的缺点不放，不是批评就是呵斥，导致乐乐自信心崩溃，学习成绩也因此一落千丈。

乐乐的故事告诉我们，孩子难免有缺点，但缺点并不代表孩子一无是处，只看到孩子的缺点，忽视孩子的闪光点，粗暴地批评指责，对孩子的伤害会非常大。

发现孩子身上的优点，提升孩子自信心

孩子有缺点，但他们身上也有很多的优点。在孩子的人生成长路途上，父母要更多地去观察孩子身上的"闪光点"，转换思维和角度，用欣赏的眼光去发现孩子身上的优点，大方地鼓励、赞美和肯定孩子，孩子会因此变得越来越自信、越来越出众。

子超的妈妈，在孩子的教养方式上，有很多值得其他父母学习的地方。子超是一个热心的孩子，妈妈下班回家做饭时，只要有时间，子超都会上前帮忙。不过有时候，子超也会有些笨手笨脚，不仅帮不上忙，反而帮了倒忙，不是打碎了碗，就是在菜里面多加了盐，子超对此非常自责。

然而，每次子超妈妈的脸上总是洋溢着和蔼的笑容，她安慰儿子说："做错了没关系，下次注意点就好了。不过无论怎样，妈妈还是要感谢你懂得体贴父母，真的要谢谢你。"

有一次期末考试，子超发挥得不好，成绩不是太理想。原本想着会被妈妈责备，谁知妈妈却和颜悦色地说："平时你那么勤奋，每天都学习到很晚，妈妈看到都很心疼。这一次失败不要当回事，相信自己，只要去努力，一定会有好的收获。"

在妈妈的鼓励下，子超也变得越来越阳光自信，在学校里，性格活泼的他，也非常受同学们的喜爱，还被大家一致选为学习委员了呢！

由此可以看出，作为父母，最为重要的是要善于发现和捕捉孩子身上的优点，用欣赏的眼光去看待他们，多一些赞美，少一些指责。

最后你会发现，这种优势教养，会让孩子变得越来越优秀出众。

【性格滋养】

著名幼儿教育家福禄贝尔说："与其批评孩子的学习，不如真心地鼓励孩子，就会起到比批评更好的效果。"如果一个孩子，每日生活在批评的压抑氛围中，他们会变得自卑，进而还会自暴自弃；如果孩子生活在一个鼓励和赞美的氛围下，不断得到肯定和认可，他们就能变得自信昂扬起来，获得心理上的满足与快乐。

自律：让孩子自己做决定，并承担后果

差不多的天资，差不多的家庭环境，为什么有些孩子优秀出众，而另外一些孩子平庸无奇呢？分析里面的成因，自律是起到关键作用的一个因素。自律的孩子，能够经受起磨炼的痛苦，也能抵御住各种各样的诱惑，成功的大门，必将为他们开启。

唠叨和督促，能让孩子自律吗

自律的孩子一般都非常优秀，这也是公认的事实。每每看到"别人家的孩子"作息有规律，学习肯刻苦，许多父母自然是羡慕不已。

反观自己的孩子，两相对比，他们在自律的问题上和"别人家的孩子"差了不是一点半点。面对这种局面，家长们大多心急如焚，为了让自己的孩子也变得自律起来，督促和唠叨，成了这些家长日常管教孩子的"武器"。

"你的作业做完了吗？赶快去，十点睡觉之前必须完成。"

"看看你，又睡过头了，能不能每天给自己定个时间，早点起床，按时到校呢？"

"自律的人才能取得人生的成功，给你说过多少次了，就是改不掉拖沓的习惯，从今天起，你要对自己严格要求，养成自律好习惯。"

为了让孩子能够自律勤奋，家长们也确实是"煞费苦心"，唠叨起不到作用的话，他们就"亲自上阵"，坐在一边贴身监督，时时苦口婆心地督促孩子尽快自律起来。

这样做，是不是真的有明显的效果呢？当然没有。无论父母怎么唠叨与叮咛，大多数孩子依旧我行我素，虽然有时候他们心里明明知道父母的教导是对的，然而在行为表现上却背道而驰。自律，对他们而言，永远是那样的遥不可及。

多让孩子自己做决定

家长对孩子谆谆教导，希望他们能够自律、严格要求自己。然而从更为长远的角度看，孩子的人生成长和发展，是他们自己的事情，父母终究不能左右。所以，父母在尽量提供必要的帮助之余，更要放手让孩子自己做决定，让孩子在自主选择与决定的过程中养成自律的好习惯。

也许有些家长会不无担心地说："我们也想给孩子以充分的自由，让他们独立成长，但孩子缺乏生活经验和自控力，一旦做了错误的决定该怎么办呢？"

这些家长的担忧也有一定的道理，不过他们更应该看到的是，也许孩子所做出的决定不是最好的那一个，不过他们在自己承担不同结果的过程中，也能收获经验教训，懂得如何去更好地思考与抉择，从而做出相应的调整、纠正，在以后的人生道路上，前行的脚步会更加坚定从容。

正如教育学家奈德在《自驱型成长》中所说的那样，这份"自己说了算"的感受，才是健康心智的前提，才是主动进步的源泉，才是跌倒了能爬起来的动力。

事实上也是如此，孩子的人生成长，父母只是参与了一个短短的阶段而已，孩子未来的人生，需要他们自己去体验、去感受、去奋斗。当他们在一定的原则范围内，能够拥有自我的选择权和决定权时，为了心目中的目标追求，他们也会慢慢自律起来，在奋斗中寻找到人生真正的意义所在。

乐观：带孩子认识生活的美，也见识苦难

乐观是什么呢？从本质上看，乐观是一种昂扬向上的积极人生态度。当孩子有了这一阳光无畏的心态与信念后，挫折，只会让他们变得更加自信豁达；困难，也会让他们越来越勇于担当。当内心被乐观的积极情绪填满时，孩子的胸襟、气度、修养，都会发生脱胎换骨的蜕变。即使是粗茶淡饭，也甘之如饴；即便身处低谷，眼中依然有光。

发现生活的美，培养孩子乐观的心态

乐观的人，总能从生活中发现美好，他们的心态也因此始终能保持阳光自信；悲观的人，即使将美好的事物放在他们面前，他们依旧视而不见，内心永远弥漫着消极的情绪。

有一则寓言故事，就蕴含着这样的哲理。在一片荒漠中，有两个人迷路了，他们又渴又累，随身携带的水也早就被喝干了。正着急时，他们突然发现前面不远处地上有半瓶矿泉水。

乐观的人快步走上前去，捡起那半瓶矿泉水，高兴地说："实在是太好了，虽然水不多，不过可以保证我们在获救之前，不会被渴死。"

悲观的人来到近前，脸上露出绝望的神情，说道："就这么一点水，支持不了多久，什么用处都没有。算了，听天由命吧！"说着绝望地蹲了下来。

同样的处境，因为各自的心态不同，他们的人生态度也迥然有异。一个重新燃起无穷的希望，另一个则绝望地坐以待毙。这就是乐观者和悲观者的本质区别。

父母在陪伴孩子成长的过程中，也要注重去培养他们积极乐观的心态，让他们能够在平常的生活中发现美的存在。

清晨，一场大雪纷纷扬扬地下了起来。孩子起床后，皱着眉头说："爸爸，雪再这样下，我都没公交车可坐了，怎么上学呢？"

爸爸却不慌不忙地笑着说："这个难不倒我们。咱们两个可以步行呀，反正学校距离我们家也不远，一路打雪仗、赏雪景走着过去，不也挺好吗？"

爸爸的一席话，让孩子喜笑颜开，因为发现了大雪背后另外的一种美，他的担忧和烦恼也因此一扫而空了。

乐观的心态就是如此奇妙，当孩子用乐观的心态看待外面的世界时，他们的身心都能从愉悦的心境中汲取快乐的营养。

从苦难中获得奋发向上的积极力量

善于发现生活的美，也要能够从苦难中挖掘乐观的精神，这对孩子的性格优化，也是一种不错的教养方式。

雨泽家境不错，父母给他提供了优越的生活条件。也许是太过顺风顺水的缘故，雨泽性格上有一个小小的不足，那就是经不起挫折，稍微遇到一点小挫折，他就闷闷不乐，态度消极。

雨泽的爸爸看在眼里，不动声色。趁着星期天，他带着儿子参加了一场"送爱心"的志愿活动。

雨泽和爸爸随着志愿者，走访了几户生活困难的家庭。尤其令雨泽印象深刻的是，在一户家庭里，有一个和雨泽年龄相仿的小姑娘，父亲身患重病，失去了劳动能力，母亲也早早去世。

即使在这种困难条件下，小姑娘也始终保持乐观的心态，从没有任何的抱怨。上学前，她要先把父亲安顿好；放学后，急急忙忙赶回家，切菜做饭，喂爸爸吃完，小姑娘才能匆匆吃上几口。简单收拾后，她便又赶快去温习功课。尽管生活艰难，她却依然积极坚强、努力上进，家里的墙壁上贴满了各类奖状。

雨泽的所见所闻，极大地震撼了他的心灵。在这样苦难的生活里，阳光乐观的小姑娘，如一朵向阳花，依旧能迎风绽放，不向命运屈服，回想自己生活中那点小小的挫折，又算得了什么呢？

分享：引导孩子感受
"加倍"的快乐

分享是一种美好的品德，孩子在分享的过程中，可以获得更多的快乐。正如萧伯纳所说："你有一种思想，我有一种思想，彼此交换，每个人就有了两种思想。"分享让我们有了更多的收获，收获会让人变得快乐。所以，懂得分享的孩子，给别人以快乐，自己也能收获加倍的快乐。

会分享才快乐

有些孩子为什么不愿意与他人分享呢？其实是因为他们不懂得分

享的意义，误认为分享就意味着会失去自己所拥有的东西。

一鸣一开始就是一个不爱分享、不懂得分享的小孩子，家里他喜欢的玩具、食物，只能由他一个人占有。有时一鸣吃好东西的时候，爷爷奶奶跟他开玩笑说让我们也吃一口吧，一鸣听了，就会睁大眼睛，用双手护住食物，大声说："这是我最爱吃的，你们吃了就会少很多，不能给你们。"

有一段时间，一鸣变得不爱去小区玩耍了，情绪也非常低落。妈妈询问他原因，一鸣回答说："没意思，不知道怎么回事，小朋友都不爱和我玩。"

想要知道原因的妈妈，第二天抽出时间，带着一鸣出去玩耍。小区的绿地上，小朋友们都在快乐地蹦蹦跳跳，这时一名小男孩跑了过来，看到一鸣手中的玩具，商量道："让我玩玩你手中的玩具吧！我把我的拿给你玩。"

一鸣一听，连连摇头，一百个不愿意。妈妈立即明白了儿子没朋友的原因，她赶忙劝说儿子："和小朋友交换一下玩具多好，也许小朋友的玩具比你的更好玩呢！"

在妈妈的鼓励和诱导下，一鸣终于勉强同意和小朋友分享自己的玩具。很快，一鸣的身边便聚集了好几个小朋友，大家相互分享，一直玩闹到天都黑了，在妈妈的一再催促下，一鸣这才恋恋不舍地回了家。

从这件事情中，一鸣明白了妈妈让他主动分享的"良苦用心"，也发现通过分享，他能从中获得更多的快乐。

教会孩子学会分享的小技巧

在孩子原本的认知中，尤其是对年幼的孩子而言，他们很少懂得分享的道理。一方面，他们缺乏分享的意识，没有主动分享的思维。

另一方面，孩子在自我意识萌芽之后，"物权意识"非常敏感，他们对于一切喜欢的东西都想占为己有，更别说去和其他小朋友主动分享了。

还有一个不可忽略的因素是，父母和长辈的过分疼爱，无形中会让孩子养成自私自利的性格，一切以自我为中心的他们，内心深处从来没有主动分享的念头。因此在孩子学会分享的问题上，需要家长去巧妙地引导他们。

父母以身作则

都说父母是孩子的第一任老师，这是因为孩子所生活的家庭环境对他们的人生成长影响最大。具体到引导孩子学会分享的问题上，在平时的相处中，父母就要注意避免孩子形成自私自利的性情，要时时教导孩子和所有的家庭成员一起分享，在他们心里种下懂得分享的因子。

教孩子分享，要讲道理，不强制

孩子不愿分享，一些心急的父母，往往会采取强迫孩子分享的方式，直接从孩子手中夺过他们的心爱之物，送给其他小朋友玩耍。显然，这样做不仅会伤害孩子的情感，还会让孩子越来越自私，占有意识更强。

正确的做法是，父母要和颜悦色地和孩子讲道理，让孩子明白，分享并不是失去，它是一种互利互惠的方式，越分享，你拥有的快乐就越多。这种柔性的教育方式，效果会更好。

礼让：懂礼貌的孩子更受欢迎

　　懂礼貌、守规矩的孩子，在生活中往往是最受欢迎的对象。这是因为一句礼貌的问候，一个礼貌的举动，一个谦虚的礼让，都会让人倍觉愉悦、舒服和温暖。

孩子为什么不懂礼貌呢

　　古往今来，"孔融让梨"的故事家喻户晓。年纪小小的孔融，在父亲买来梨子后，毫不犹豫地为自己选择了其中最小的那个，而把最大的梨子让给了哥哥。孔融这种暖心的礼让行为，千百年来，成为教育孩子的榜样。

懂礼让，讲礼貌，不仅是中华民族的传统美德，也是一种基本的社交礼仪。讲礼貌的孩子，温文尔雅，彬彬有礼，待人温和亲切，无论走到哪里，都深受大家的喜爱。

也正因此，每一位父母，自然也都希望自己的孩子学会懂礼貌。然而在现实生活中，仔细观察，身边有这样一些孩子，不懂得礼让的道理，也缺乏礼貌的言语举止。

家里面来了客人，父母让孩子给客人打招呼，不懂礼貌的孩子是什么表现呢？他们会对客人的到访视而不见，继续忙着手头的事情。有时在父母的多次催促下，才会不情不愿地问候一句，敷衍了事地做做样子，然后扭头就走，让场面十分尴尬。

吃饭时，那些不懂礼貌的孩子，会随意挑选自己喜爱的食物，一个人独自吃得津津有味，至于其他人能不能吃得好，他却毫不在意。

有时在公共社交场合，不懂礼貌的孩子兴奋时会大吵大闹，丝毫不顾及身边人的感受，这种没礼貌的行为，自然也会惹人反感。

孩子为什么会缺乏礼貌呢？也许有些父母会袒护自己的孩子："他们还小，懂什么礼貌？大了就好了。"也或者以孩子性情内向害羞为借口，掩盖孩子不讲礼貌的事实。

实际上，孩子不讲礼貌，和他们自身的家庭教养之间，有着莫大的关系。父母自身行为粗鲁，没有讲礼貌的习惯；再加上平日里忽视对孩子的教育引导，在这种环境下成长起来的孩子，又怎么懂得讲礼貌呢？

教会孩子懂礼貌，他们才会更加优秀

礼貌，是伴随孩子一生的美好品格。懂礼让，讲礼貌，这样的孩子，在他们逐渐长大的过程中，也会在这种良好性情的滋养下，形成谦逊、低调、内敛的优秀品质，并因此受益终身。教会孩子懂礼貌，父母需要从这样几个方面入手。

🌿懂得尊重孩子，言传身教

孩子的礼貌从哪里来？他们的礼貌行为，大多是从父母身上学来的。有礼貌的父母教养出来的孩子，自然也都能做到彬彬有礼、态度温和。家庭教育中，父母的一言一行非常重要，对孩子养成讲礼貌的好习惯，起到了潜移默化的影响作用。

在教授孩子懂礼貌时，父母首先要明白尊重孩子的重要性，尊重他人，是最基本的礼貌行为体现。孩子能够从父母那里感受到被尊重，他们也会由此及彼，推己及人，懂得去尊重他人，这样，初步的礼貌意识，就在他们的内心深处扎下了根。

🌿礼貌，不只是简单的礼貌用语，行为礼貌才是关键

一些家长常会简单地认为，孩子会说一些礼貌用语，如"你好""谢谢""对不起"等等，就代表他们是一个懂礼貌的孩子。实际上，说一些简单的礼貌用语，还只是停留在"礼貌"的表层，真正的懂礼貌，更多地体现在行为举止上。

比如在客人说话的过程中，孩子从始至终，一直能做到安安静静，不会突然发问，打断对方的谈话。只有在客人询问他们时，他们

才会礼貌作答。

又比如在去他人的家里做客，进门前要轻轻地叩门；进入屋子里后，不经主人的允许，不会随意地翻东西、拿东西。只有行为举止礼貌规矩，言行一致，才是真正掌握了礼貌的精髓与内涵。

勤劳：吃苦耐劳是宝贵的人生财富

孟子在《孟子·告子下》一篇中这样写道："故天将降大任于是人也，必先苦其心志，劳其筋骨，饿其体肤，空乏其身，行拂乱其所为，所以动心忍性，曾益其所不能。"这里的"劳其筋骨"，就蕴含着勤劳的含义，肯吃苦，能吃苦，才能激发个人的心志，磨炼自我的品行，并成为他一生取用不尽的宝贵财富。

具体到家庭教育上也是如此，父母注重培养孩子吃苦耐劳的精神，对孩子的人生成长也有着莫大的益处。

你是否愿意让自己的孩子吃苦呢

现代社会，在孩子的教育问题上，相当一部分父母走入了一个误区。在这些家长的认知中，他们自己小时候，或许经历过一段心酸的童年生活，所以无论自己如何吃苦都行，就是不能让孩子受一分累，吃半点苦，他们愿意尽最大努力为孩子提供好的生活条件。

在这种养育理念的"指引"下，这些家长们一个个努力赚钱，力所能及地给孩子提供最好的物质生活，让他们能够拥有一个良好的学习、成长环境。然而，需要指出的是，父母为孩子创造好的条件无可厚非，但不能因此让孩子失去吃苦耐劳的优秀品质。换句话说，不愿让孩子吃苦受累，实际上是剥夺了孩子锻炼成长的宝贵机会。

奕奕的妈妈，对孩子百般疼爱。小时候吃过苦、受过累的她，绝不愿让孩子也遭受和她同样的境遇。因此，在日常生活中，奕奕妈妈不仅给儿子买精美的衣服、可口的美食，让孩子衣食无忧，而且在家务劳动上，即使是最简单的收拾碗筷、打扫卫生等，也从不让儿子插手。

有一次，奕奕的妈妈身体不舒服，正巧奕奕爸爸也出差了。奕奕下午放学回家后觉得很饿，想要妈妈给自己做饭，但妈妈根本没有力气做饭，就想让奕奕自己尝试着做一些简单的饭菜。奕奕听了，吃惊地张大了嘴巴，连连摇头表示自己不会做，最后不得不点外卖。

解决了吃饭问题，没过多久，正好到了吃药的时间，奕奕的妈妈就让奕奕帮她接一杯水。奕奕听了，脸上依旧是一副为难的神色，不过还是去做了。谁知没多久，便传来奕奕的叫疼声，原来平时饭来张口、衣来伸手的他一不小心被开水烫到了。

这下好了，本就病倒的妈妈，还要强撑着领着奕奕去医院。直到此时，奕奕妈妈才后悔平日里没有让奕奕多经受一些锻炼，如果平时他能吃一点苦，多干一些家务活，如今母子两人也就不用这么狼狈了。

吃苦耐劳，会让孩子养成哪些优秀品行

奕奕的案例告诉我们，在家庭教育上，父母要适当让孩子吃一点苦，受一点累，这不仅是培养他们基本的生活技能，同时对孩子优秀品行的塑造，也有着至关重要的作用。那么，吃苦耐劳，对孩子性格的优化都有哪些益处呢？

🌿 吃苦耐劳，会让孩子更懂得珍惜，更懂得感恩

经过吃苦锻炼的孩子，会更加懂得收获的来之不易，因此会养成他们勤俭节约的好习惯。同时，因为亲自品尝了劳动的滋味，他们会学会换位思考，理解父母的艰辛和不易，这对塑造孩子的感恩心理有着显著的效果。

🌿 吃苦耐劳，会让孩子养成坚韧不拔、百折不挠的良好品行

吃苦耐劳的过程，有助于磨炼孩子的意志，提升孩子的毅力，应变能力和适应能力也都会有明显的提高。意志坚强了，毅力坚韧了，孩子就能逐渐养成百折不挠的精神气度，当他们再遇到困难和挫折

时，就会少了很多抱怨和退缩，以充足的信心一往无前。

吃苦耐劳，更能让孩子尽早独立

"宝剑锋从磨砺起，梅花香自苦寒来。"在人生漫漫路途中，不经历风雨，就不会见到美丽的彩虹。通过对孩子有益的"吃苦"锻炼，能够养成孩子独立做事的良好行为习惯，他们的人生画卷，也会因独立而多姿多彩。

勇敢：允许孩子跌倒和重新来过

孩子身上勇敢的品行从哪里来呢？显而易见，温室里的花朵难以抵挡风雨，温室里长大的孩子也难以锻炼出无所畏惧的勇敢信念，只有让孩子在实际生活中经受种种磨炼和考验，一百次跌倒，也要一百次地努力站起来，在这个过程中，孩子自然就学会了勇敢。

孩子跌倒不可怕，可怕的是不让孩子去"跌倒"

在《动物世界》节目里，有这样一组镜头很能震撼人们的心灵。草原里的小狮子，跟随妈妈生活了一段时间，不知不觉间，到了它们学习捕猎的时候了。

　　狮妈妈带着孩子，事先来到了一处草丛中悄悄隐蔽了起来。没过多久，几只疣猪从远处游荡而来。在狮妈妈的鼓励下，小狮子鼓足勇气，在做好了充足的准备之后，突然从草丛中蹿了出来，向快要到跟前的疣猪扑了过去。

　　然而因为经验不足，狮宝宝的第一次捕猎失败了不说，身上还被疣猪尖尖的牙齿给划伤了，一脸痛苦地返了回去。但仅仅过了一个晚上，第二天太阳升起的时候，狮妈妈带着狮宝宝，又出现在了镜头面前，和昨天一样，妈妈鼓励孩子勇敢地学习捕食猎物的技巧。这一次，吸取了经验教训的狮宝宝，成功捕获了一只幼弱的小鹿，它兴奋地趴在地上，美美地享用着自己的劳动成果。

　　由此可见，小狮子要想在草原上独立地生活下去，就必须勇敢坚强起来，哪怕是受到伤害，也要继续勇往直前，直到有所收获为止。

　　由此及彼，在孩子的教养问题上，父母也应当向狮妈妈学习，鼓励孩子坚强勇敢。在塑造孩子勇敢性格的过程中，不要害怕他们跌倒，因为孩子的人生成长，需要真正的生活体验，每一次跌倒，就是一次对个人意志很好的磨炼过程，忍受住了痛苦，经受了磨难的考验，才能迎来蜕变下的新生。

失败了没关系，重新再来

　　在孩子人生成长的道路上，他们要面对无数的困难和挫折。选择逃避，终将一事无成；只有迎难而上、在失败中寻找勇气继续面对挫折的孩子，才是真正勇敢无畏的。

一位爸爸带着孩子练习骑行自行车。在爸爸的指导下，孩子终于胆战心惊地骑了上去，谁知没走出多远，自行车就翻倒在地。

"摔伤了没有？ 没事，咱们重新开始。"爸爸快步上前，检查后放下心来，只是一点点小小的磕伤。

"爸爸，我有点害怕！"孩子心有余悸，从最初的兴奋变得有些畏惧了。

"别害怕，大胆练习，你的骑行技术就会越来越熟练。你不是一直说自己想要成为一个勇敢的小男子汉吗？这是一次难得的考验机会。再说了，有爸爸在后面保护你，尽管放心好了。"在爸爸的鼓励下，孩子重拾信心，勇敢地重新开始骑行。

一次，两次，三次……在经历了多次的失败之后，孩子"越战越勇"，最后他终于掌握了骑行的技巧，他的脸上，也因成功的喜悦而绽放出灿烂的笑容。

家庭教育的终极目标，不是为了培养所谓"完美无缺"的孩子，如果能让孩子变得勇敢坚强，能够从容镇定、乐观自信地面对生活中的各种挑战，拥有跌倒了还能重新爬起来的能力，那么父母的教育就是成功的。

自强：成长路上的经验和教训是必要的

　　人生的路途，很少是一帆风顺的。对于孩子而言，必要的磨炼和经验教训是必然存在的，这也是成长的代价。当面对艰难险阻和挫折困境时，必须懂得和学会自我勉励，始终奋发图强，才能真正得到成长。

成长是一个不断汲取经验教训的过程

　　对于父母而言，他们的内心，都有着一个美好的期许，那就是希望孩子的一生顺顺利利，没有大的波折和磨难。

当然，父母美好的期许，也只是一种理想而已。现实中，很少有人一生坦途，大多是在各种挫折和磨炼中不断成长起来的。进一步说，人生路途上人们所经历的各种波折和困苦，也是孩子真正成熟长大的必要条件。

世界著名发明大王爱迪生，一生之中发明无数，头上有着众多的光环和荣誉。然而大家所看到的，只是他成功时的辉煌，谁又能体会为了发明创造，爱迪生在背后付出的种种努力和艰辛呢？

很多时候，为了一项新发明，爱迪生要和助手们一起，经历无数次实验、无数次失败，最终才能寻找到正确的路径。

在一次次失败面前，爱迪生气馁了吗？当然没有。在他看来，每一次实验的失败，他们并非一无所获，反而证明了这个方法行不通，排除了一个错误之后，他就距离正确的方向又前进了一大步。最后的成功，也正是在吸取和总结一次次经验教训的基础上取得的。

爱迪生的人生经历充分说明，在人生成长过程中，人们如果能够正确对待所经历的磨砺和挫折，积极吸取其中的经验与教训，那么将收获人生难得的宝贵财富。

迎难而上，自强不息，迎接更为成熟和优秀的自己

在人生的长河中，难免会遭遇各种困境的考验，那么应该如何应对呢？是自怨自艾、止步不前呢？还是迎难而上，自强不息呢？

《周易》有云："天行健，君子以自强不息。"那些坚强勇敢的人，

能够在困境中始终保持昂扬的斗志，以自强不息的拼搏进取精神，逆流而上，在磨炼中让自己成为一个更优秀的人。

范仲淹小时候家境贫困，连基本的温饱问题都难以保证。无处容身、寄居在寺庙里读书的他，并没有被这点小小的困难吓倒。他每天煮一些小米粥，在搁置了一夜之后，等到小米粥凝固成块状时，他就用刀一分为四，早上和晚上各吃两块。在这种困难的生活环境下，范仲淹依旧能自我鞭策，自强不息，努力奋进，最终学有所成。

和范仲淹同时代的欧阳修也是如此，小时候的他，家境不富裕，买不起练字的纸张、毛笔。在母亲的帮助下，欧阳修就以莎草为笔，自强不息，勤学苦练，终成一代文学大家。

"长风破浪会有时，直挂云帆济沧海。"孩子的人生成长，实质上就是一个不断积累经验教训、不断突破自我的发展过程。唯有自强不息，才能遇见更好的自己。

第七章

以爱滋养，
好性格让孩子受益一生

拥有良好性格的孩子，阳光活泼，自信坚毅。正如世界著名物理学家爱因斯坦所总结的那样："优秀的性格和钢铁的意志，比智慧和博学更重要，智力的成熟，很大程度上是依靠性格的。"

　　那么，父母如何教导孩子在人生成长过程中，养成一个好性格呢？显然，父母教养孩子的正确方式，就是在温馨和睦的家庭环境中，在爱的无声滋养下，帮助孩子逐步养成良好的性格。

优秀的孩子都是夸出来的

优秀的孩子往往会比身边同龄的孩子各方面表现得更为出色，那么究竟是这些孩子拥有高智商？还是原本就积极上进呢？实际上，如果去深入了解的话就会发现，这些优秀的孩子的成长环境都极其相似，那就是这些孩子的父母都会适时地夸赞孩子、鼓励孩子，在这种积极的心理暗示下，孩子就会变得更勤奋、更努力、更优秀。

你应当了解的"罗森塔尔效应"

在中国的传统文化中，为人处世讲究低调内敛，时时保持谦虚低调。在这种文化基因传承下，父母对待自己的孩子，也常常以批评居多，表扬和赞美等举动相对较少。孩子表现得调皮顽劣，会遭受父母的严厉批评；孩子努力上进，表现出色，父母不过一笑了之，在言辞夸奖上非常"吝啬"。

父母这样做，大约是担心过多地表扬孩子，会让他们沾沾自喜、得意忘形，在骄傲自满中丧失了积极的进取之心。正因如此，孩子的优秀被父母选择性地"视而不见"，有时他们为了激励孩子，还时不时拿"别人家的孩子"和自己的孩子做对比，对孩子各种挑剔指责。

不去赞美或极少赞美孩子，取而代之的是批评和鞭策的教养模式，和经常肯定、夸奖孩子的教养模式相比，哪一种教养模式的效果会更好一些呢？我们不妨先来看一下这样的一组试验。

20 世纪 60 年代，哈佛大学的教授罗森塔尔做了这样一个试验。他在一个班级中，随机抽选了十几名学生，在经过一番有模有样的智力"测试"后，罗森塔尔信誓旦旦地告诉他们的老师说，经测试表明，这些学生的智商非常高，是学习的好苗子。

有罗森塔尔教授的测试做"背书"，这些被赞誉为高智商的孩子，在一个学年结束后，学习成绩都有了大幅度的提升。

难道是这些学生真的智力超群吗？当然不是。罗森塔尔只是以"测试"为借口，故意夸赞他们有着出众的智商，实际上，他们中的大多数，在智力上和其他同学之间并没有太大的差别。但为何一旦被肯定后，这些学生的学习成绩就有了突飞猛进的进步呢？

原因就在于心理暗示的重要作用。当这些学生被罗森塔尔教授和老师共同认定为高智商时，在他们的心里就产生积极的心理暗示：我是最优秀的一个，我要努力证明我是最优秀的，不能比其他人落后。

有了这层积极的心理暗示，学习上变得主动勤奋的他们，自然会取得不错的成绩。这就是著名的"罗森塔尔效应"。

你会夸奖自己的孩子吗

"罗森塔尔效应"告诉我们，人需要不断地被赞美和被肯定，这样才能让人们对未来充满无穷的希望，内在的潜能也会被全面地挖掘出来，在自我激励、自我促进下，会变得越来越上进、越来越优秀。

具体到孩子的性格培养上也是如此，多给他们一些赞美与表扬，他们就能从父母那里得到积极的心理暗示，进而拥有战胜自我、超越自我的勇气与信心。

明白了夸奖、赞美的重要性，父母是不是只管多去表扬孩子就可以了呢？自然不是。夸奖孩子，也有很多技巧蕴藏其中，会夸奖，才能起到最佳的效果。

夸奖时，不拿其他孩子做对比

当父母发现孩子身上的闪光点，或者是发现孩子在一段时间内有着不错的表现，就要给予积极的肯定和赞美。但需要注意的是，有些父母在夸奖自己的孩子时，往往会下意识地拿"别人家的孩子"来做对比，时时不忘指出自家孩子不足的地方。

也许父母这样做的出发点是好的，然而他们未曾想到的是，这种对比会让孩子内心产生失落感和挫败感，这样一来，反而会适得其反。

夸奖时，一定要有具体所指的赞美内容

孩子喜欢得到肯定和鼓励，不过有些父母在夸奖孩子时，赞美的内容太笼统，比如他们常会这样泛泛地说："今天表现不错""你是一个好孩子""你真棒"等。

笼统的内容，给孩子一种敷衍的感觉，自然就很难起到激励的作用。正确的做法是，父母应当针对孩子的具体表现去赞美他们。比如，看到孩子卫生打扫得不错，就可以夸奖说："你真厉害，屋子里被你打扫得干干净净，都赶得上勤劳的小蜜蜂了，爸爸为你点赞。"有具体所指的赞美，会让孩子有更为明确的努力方向。

夸奖时，应突出孩子努力的过程

夸奖孩子，是为了让他们更勤奋上进，因此夸奖的内容应主要集中在孩子努力的过程上。比如，孩子考试取得了好成绩，父母可以这样说："你能取得这么好的成绩，和你平时的努力是分不开的，所以要继续坚持，下一次你会能取得更优异的成绩，加油！"

如果父母以结果为导向，过分强调孩子考了第几名，下一次又考了一个什么名次，忽视了孩子努力的过程，会让他们失去学习的兴趣。

【性格滋养】

　　好孩子都是夸奖出来的，在父母的赞美和关注下，孩子会越来越优秀。孩子表现优异，值得鼓励和赞美，那么是不是说，孩子表现不好，就不值得夸奖了呢？当然不是。有时孩子虽然做得不是太好，然而他们确实努力过、付出过，家长也不要吝惜赞美的言辞，要充分肯定孩子的付出："这一段时间你的努力，我们都看到了，一两次失误不代表什么，总结原因，吸取教训，相信你下一次一定能有好的表现。"对于孩子来说，这种夸奖更能令他们从中得到极大的安慰，自信的劲头就更足了。

换位思考，与孩子平等对话

　　和孩子相处的过程中，父母是否懂得换位思考的道理呢？很多时候，父母常常站在自己的角度和立场看问题，也因此忽略了孩子内心真实的想法与感受，进而造成亲子关系上的隔阂。如果爱孩子，首先要学会换位思考，将心比心，和孩子平等对话。当父母懂得"换位"时，就会发现一切皆有不同。

请不要做孩子眼中"傲慢的父母"

　　为什么苦口婆心说了孩子那么多次，他们依旧充耳不闻、我行我素呢？又为何和孩子一沟通，双方说不上几句话，就爆发了激烈的争吵呢？相信这样的困惑，相当一部分父母都有过，他们不明白，为什么孩子的性格如此执拗，父母的一点儿意见都听不进去呢？

那么，问题出在了哪里呢？实际上，很多时候，问题恰恰出在了父母自己的身上。在孩子眼中，父母从不会懂得换位思考，不去探究孩子背后真实的心理活动，永远是一副高高在上的模样，充满了"傲慢和偏见"，这样的父母，又怎么能够让孩子心悦诚服地听从他们的教导呢？

小冉和妈妈的关系，在相当长的时间内，势同水火，两人常会因为一点儿微不足道的小事就产生矛盾。

比如有一次，小冉早上出门上学，拿起鞋子时，发现昨晚被雨水打湿的鞋子还没有干透，就开始在鞋柜里面翻找，想要寻找到一双合适干爽的鞋子穿。

妈妈看到后，立即怒火中烧，冲着小冉批评说："你总是这样自以为是，什么都不愿听我的，是不是昨天晚上没有及时烘一下？不然你的鞋子早就晾干了。"

小冉一听，也压不住怒火，反唇相讥："我的鞋子我做主，我就要按照自己的方法去晾晒，不干没事，我乐意。"说着，小冉也不再寻找新鞋子穿了，直接拿着还湿漉漉的鞋子穿上，赌气上学去了，留下小冉妈妈一个人在家里又急又气，但又无可奈何。小冉妈妈不明白的是，为什么女儿不把自己的话当回事呢？她们之间为什么始终无法有效沟通呢？

小冉妈妈的"委屈"可以理解，然而在另一方面，从母女两人的争吵中不难看出，不会换位思考、从头到尾一直摆着一副傲慢姿态的妈妈，一上来就指责小冉，这样做，她和女儿的沟通交流，自然难以有效畅通。

反过来，如果妈妈换一种姿态，站在女儿的角度考虑问题：一大早急匆匆想要上学，鞋子还没干，本就十分着急，这时再去指责她，势必会激发她的逆反心理。想通了这一点，妈妈不妨放下身段，换一种语气，委婉地对小冉说："鞋子没干吗？以后这种事情可以和妈妈交流一下，妈妈在这方面可是有着丰富的经验呢！好了，咱们赶快找双新鞋子，剩下的事情由妈妈来做。"

如果小冉妈妈能够以这样的方式和孩子对话交流，双方又怎么会爆发言语上的冲突呢？

美国心理学家威廉·哥德法勃曾这样说过："教育孩子最重要的是，要把孩子当成与自己人格平等的人，给他们以无限的关爱。"作为父母，放下高高在上的"傲慢和偏见"，在换位思考的基础上和孩子平等沟通，很多矛盾都能够迎刃而解。

成为孩子的"朋友"，和他们平等对话

父母和孩子相处，不应以"对立"的姿态出现，而应该学会和他们平等对话，真正走入孩子的内心，去倾听，去沟通。

然而在实际生活中，一些父母并不能很好地理解亲子关系的本质内涵，在他们眼中，孩子就是孩子，一切行为都应该听从父母的安排，即使有意见也要保留，不允许孩子发出不同的声音。

当孩子稍微有不同的意见时，他们也常会拿出"家长式"的权威去压制："不行，必须按照我说的去办，你敢不听的话，后果自负。"

显而易见的是，父母这种傲慢姿态下的"高压压制"，孩子又怎么会心服口服呢？他们要么沉默以对，以无声的行动表达抗议；要么针锋相对，和父母的关系很僵。

实际上，真正融洽的亲子关系，都是建立在父母和孩子成为朋友的基础之上的。换言之，父母要站在孩子的角度看问题，尊重孩子，理解孩子，不能把自己的想法强加给孩子，要营造出一种民主、和谐的家庭氛围。

在这种氛围下，一旦遇到事情的时候，父母要学会让自己"蹲下来"，多听听孩子的意见和看法，多去理解他们的真实处境，多去设身处地地考虑孩子的真实感受。唯有如此，父母才能真正地走入孩子的内心，并一步步赢得孩子的尊重和认可。

重视沟通，倾听儿童的内心

孩子的内心世界充满了五彩斑斓的颜色，如果父母能够在重视沟通的基础上，真正走入孩子的心灵深处，去认真仔细地倾听，懂得他们的喜怒哀乐，将获得和孩子维系良好亲子关系的持久力量。

你是否忽视了和孩子的沟通

社交场合，人与人见面，都会有问候交流的习惯。如果双方有一段时间没有见面了，更会进一步沟通谈话，询问彼此的近况如何。沟通，是成年人社交活动中必不可少的环节。

然而在家庭教育上，一些父母却忽视了和子女的沟通。在这些父母眼中，缺乏同孩子沟通的理由太多了，比如工作忙，每天加班加点回家晚了，筋疲力尽的他们，懒得和孩子沟通。

或者是他们想当然地认为，只要给孩子提供优越的物质生活条件就行了，孩子有自己的小伙伴，健健康康地成长、快快乐乐地玩耍就足够了，父母和孩子的沟通实属没有必要。

当然，还有一部分家长，他们喜欢在亲子关系上扮演"权威角色"，总是认为以威严的方式和孩子相处，这才能有效发挥父母的权威，让孩子变得更听话。

正因如此，走入一些家庭内部就会发现，父母和孩子的沟通是不存在的，即使有，也是流于形式，父母只是简单地询问一下孩子的生活、学习情况，便没有了下文。

曼曼是一名小学生。从她记事起，爸爸妈妈就一直忙于工作，经常出差开会，每天都忙忙碌碌。即使是节假日，他们也很少有带曼曼出去游玩的时间。

小时候父母一心扑在工作上，和她沟通交流较少，那时曼曼还小，也不觉得有什么。等到她渐渐长大之后，和父母沟通交流的愿望越来越强烈，她想让爸爸关心她学习的情况，她也想与妈妈一起分享自己内心里的成长小秘密。

然而每当她鼓起勇气，主动走到爸爸妈妈身边，想和他们多说上几句话时，便会被爸爸或妈妈敷衍几句，匆匆打发走了。

情绪低落的曼曼，学习成绩渐渐下滑了很多。期末考试中，曼曼的发挥非常不理想。妈妈向来只看结果，当她看到女儿成绩下滑这么厉害时，不由狠狠批评起曼曼来："你这是怎么学习的？我和你爸爸每天没日没夜地工作，让你衣食无忧，难道你就是这样来报答我们的吗？"

这一次，曼曼长期积累的负面情绪也彻底爆发了，她流着泪对妈妈大喊道："你们平时真的关心过我，和我好好地沟通过吗？要么是没时间，要么就是劈头盖脸地数落批评，你们有没有问过我快乐过吗？"

女儿的一番话，让妈妈震惊了。她望着眼前已经逐渐长大的姑娘，突然意识到平日里太缺少和孩子的沟通交流了。

曼曼的案例，是很多缺乏和孩子良好沟通的家庭的一个小小的缩影。事实上，父母需要注意的是，在孩子成长的过程中，要注重和孩子的沟通交流行为，而不是机械化的教条式训导。父母只有知道了孩子内心真实的想法与感受，明白他们想要什么，才能让孩子更好地健康成长。

和孩子有效沟通的方法你掌握了吗

在一个家庭内部，父母和子女之间民主、温馨、平等的内部沟通交流，能让孩子充分感受到来自父母的爱和温暖，同时对孩子的人格塑造和性格养成也有着良好的引导效果。

父母懂得了和孩子沟通的重要性是一回事，但会不会沟通、能不能有效沟通，则是另外一回事。在和子女的交流沟通上，有这样几个方法和家长们分享一下。

沟通之前，先学会倾听

沟通，需要彼此间敞开心扉地交流。然而，在沟通之前，学会倾听才是最为重要的一项沟通技巧。换言之，没有良好的倾听，就不会有好的沟通效果。

现实中，大多数父母缺乏"倾听意识"，孩子还没有说上两句话，父母就会粗暴地打断孩子，然后按照自己的见解认识，对孩子展开长篇大论的"灌输教育"。一番所谓的"大道理"讲下来，实际上并没有什么显著的效果，很多时候孩子根本就没有听进去。

倾听是沟通的前提，父母要先让自己学会管住嘴巴，多听听孩子怎么说，弄清楚了孩子内心的真实想法之后，接下来的沟通才更有针对性，也更容易让孩子走心入耳。

沟通时，多用启发式的提问

和孩子沟通，是为了深入了解孩子的需求、感受，但遇到不爱主动说出内心真实想法的孩子时，父母又该如何去有效应对呢？

这时，父母不妨多用一些启发式的提问。比如可以和孩子这样说："这一段时间你在学校表现得怎么样？可以和妈妈聊一聊吗？"

也可以说："你看你熬夜打游戏，那样多不好，爸爸想知道你在打游戏和学习上，有没有一个合理的时间分配计划呢？"

显然，通过这种启发式的提问，会慢慢开启孩子封闭的心灵，让他们愿意说，也敢于去说。

重视孩子的感受，将承诺落到实处

沟通，不止在沟通的形式上，还要有沟通后的行动落实。父母和孩子沟通之后，明白了他们想要什么，想做什么时，只要是合理的要求，父母都应在沟通之后，将对孩子的承诺落到实处。

这样做，孩子看到了父母的诚意，也感受到了来自父母的重视和关怀，在以后的日子里，他们会更愿意积极主动地和父母沟通。

【性格滋养】

成功的沟通，离不开"理解、关怀、接纳、信赖、尊重"这五大要素。理解是双向的，父母能理解孩子，孩子也能学会体谅父母；关怀和接纳，需要父母多去发现孩子身上的优点，给他们营造温馨有爱的家庭环境；信赖和尊重，指的是父母要给予孩子充分的信任，尊重并支持他们正确的选择。

榜样，胜过说教

身教胜过言传。榜样的力量是巨大无穷的，比任何空洞的说教都有作用，空讲大道理，不如亲身示范，以身作则，这样才更有感染力和引导性。在孩子的性格培养上也是如此，父母长辈做好榜样的力量，才能引领孩子向着更好的方向成长。

好榜样和坏榜样

在一个家庭内部，树立榜样是最好的教育方式。优秀的父母没有过多的说教，他们总是能够身体力行，成为孩子眼中值得崇敬和学习的对象。

正如哲学家雅斯贝尔斯所说的那样："教育的本质，意味着一棵树撼动一棵树，一朵云推动一朵云，一个灵魂唤醒一个灵魂。"

然而榜样有正负的区别，好榜样，能够从精神和灵魂两个方面引领孩子，让他们变得越来越自律，越来越优秀；而坏榜样，会让孩子在不知不觉中受到影响，有样学样的他们会因此养成了许多坏的行为习惯。

一个家庭里，妈妈和孩子在一起吃饭。孩子望着桌子上的菜肴，伸出筷子在一盘荤菜里面翻来翻去，挑出自己喜爱的瘦肉吃。

"你怎么能这样？吃饭时在盘子里来回翻动，是一种很不礼貌的行为。妈妈平时是怎么教导你的呢？一定要注意自身的礼仪形象。"妈妈看到儿子这样，放下碗筷教育起了孩子。

孩子听了，脸上却露出不以为然的神情，反驳说："妈妈，你别总是批评我。平时吃饭，爸爸不也是这样吗？大人能这样做，我们小孩子怎么就不能了？我觉得自己没有错。如果真有错，也是爸爸影响我的。"

儿子"振振有词"的一席话，让妈妈无言以对。此时的她，还能说什么呢？原因很简单，有爸爸的"榜样示范"，说得再多，对孩子而言也是苍白无力的。

在这里，爸爸的行为，显然起到了坏榜样的作用，想要改变孩子不礼貌的行为习惯，必须先让孩子的爸爸做出改变。

而另一个家庭中，父母的做法，却给孩子树立起了一个良好的榜样。

女儿刚入学不久，学校里通知家长参加家长会。女儿回到家，期待地问妈妈："这是我上学后班里召开的第一次家长会，妈妈你能参加吗？平时你工作那么忙，我担心……"

妈妈听了，笑着抚摸着孩子的头，肯定地回答说："女儿的第一次家长会，妈妈一定要参加。不仅妈妈会参加，到时你爸爸会和我一起，都出席你们班级的家长会呢！"

"真的吗？"女儿有些不敢相信自己的耳朵，高兴地跳了起来。果然，妈妈没有食言，等到女儿的家长会召开时，她和爸爸一起，准时出现在了教室里。

事后女儿的班主任和妈妈聊起这个话题，说父母共同参加孩子的家长会的情况不多见，他特别感谢他们两人对班级活动的支持。

妈妈也温柔地回答说："我和孩子爸爸这样做，就是为了给孩子树立重视学习的好榜样，这也是对孩子'爱的滋养'。"

重视榜样的示范引领作用

每一位家长，都希望自己的孩子优秀出众。然而父母是否明白，所有表现出色的孩子，他们的优秀并非与生俱来的。孩子优秀的背后，往往隐藏着父母的心胸、气度、智慧和格局。他们重视榜样的引领作用，并愿意成为孩子人生路上学习崇拜的榜样。

孔子的学生曾子，就是这样一个生动的例子。有一次，曾子的妻子想要去集市上，孩子哭着闹着要跟着去，妻子骗孩子说："你在家好好听话，我回来就给你杀猪吃。"孩子听了，便安安静静地待在家

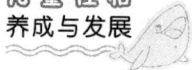

里了。

中午妻子从集市上返回，刚走到家门口，她就听到捉猪的响动。等她快步走入院子时，发现丈夫曾子已经将猪捆绑好了，准备宰杀掉。

妻子急忙上前制止说："刚才我说杀猪，只不过是为了哄孩子，你怎么能当真呢？"

曾子听了回答说："孩子还小，什么都不懂，但他们最在意父母的一言一行。既然答应给孩子杀猪吃，那就要说到做到，父母要讲信誉，不能给孩子树立说谎的坏榜样。"

曾子的故事告诉世人，言必信，行必果。父母言行举止方面的榜样力量是最大，也是最为重要的，因此一定要重视自身榜样示范的引领作用。

一位小姑娘，作文比赛获得了全国性的大奖，她文笔飞扬，实属一位小才女。有记者去她家里实地采访，想要寻找小女孩拥有出众文学才能背后的原因。

小姑娘的家很普通，简简单单的两室一厅，屋里面布置陈设也较为简陋。但令记者眼前一亮的是，小姑娘的卧室里，摆放着一排书柜，里面各种文学读物上千本。

看着记者惊讶的目光，小姑娘在介绍时，眼神里闪烁着骄傲的光芒："这些都是我爸爸送给我的。我爸爸非常热爱读书。在他的影响下，我也对阅读、写作产生了浓厚的兴趣。为了满足我的阅读需要，每月爸爸领到工资的第一件事，就是带我去书店里购买我喜欢的书。"

从小姑娘的话语中不难发现，爸爸是她文学道路上的领路人，爱阅读的父亲，成了女儿努力学习的好榜样。

为人父母，要努力让自己成为孩子眼中值得学习、效仿的好榜样，通过身体力行的言传身教，启发孩子学习的自觉性、主动性与上进心，教导他们为人处世的正确方式，在爱的教养下，丰盈他们的灵魂。

做孩子强大的后盾

在孩子的人生成长路途上，他们会经历无数风风雨雨，有选择上的迷茫，有人生困惑时的彷徨，也有挫折打击下的消沉。然而对于孩子而言，他们最大的期望，是希望父母能够成为自己人生道路上的坚强后盾，能够给他们信心和勇气，让他们在爱的拥抱下重获力量，推动他们在逐梦的道路上继续坚定前行。

父母是孩子背后巍峨的高山

在孩子心中，父母是能够为他们遮风避雨的大树，也是可以让他们依靠的大山。在孩子前行的道路上，如果背后有父母的理解、支持和鼓励，孩子就会变得勇敢无畏起来，不会轻易被困难和挫折吓倒。

学校里举行演讲选拔赛，获得前几名的，还有机会参加全市的比赛，每个班的班主任都积极鼓励班上的同学们报名参赛。

玉杰平日里对演讲很感兴趣，也非常想报名参加比赛。在他看来，这是一次难得的锻炼机会，而且比赛表现优秀，还会给班级乃至学校争得莫大的荣誉。

不过在究竟报名不报名的问题上，玉杰纠结了好几天。他担心自己的演讲水平不行，还害怕面对全校师生的目光。长这么大，他最多在班里发过言，一想到自己会置身于众目睽睽之下，他就又犹豫了。

晚上吃饭的时候，玉杰鼓起勇气，和爸爸妈妈说了这件事，征求他们的意见。爸爸一听，高兴地说："这是一个难得的锻炼机会啊，放心地去报名吧，爸爸支持你。"

"可是我担心准备不足，到时候发挥不好。"玉杰说出了自己的忧虑。

"怕什么？有爸爸在背后帮助你，相信自己，努力就能取得好成绩。"

爸爸可不单单是嘴上说支持儿子，第二天，他就从书店买来了一些有关演讲比赛的书籍，抽出时间和玉杰一起研究演讲的内容和素材。等玉杰准备好提纲后，爸爸又自愿充当听众，一遍又一遍聆听玉杰的演讲，然后再一一指出儿子演讲过程中的失误和不足。

在父亲的鼓励和陪伴下，玉杰的演讲水平在短时间内得到了很大的提升，参加比赛的信心也越来越足了。比赛的当天早上，临出门时，爸爸又笑着鼓励他："别有心理包袱，别给自己压力，名次不是最重要的，爸爸高兴的是，你敢于去尝试，去突破自我，这才是最棒的。"

爸爸嘱咐的话语，让玉杰内心十分温暖和感动，并充满了力量。最终在比赛时，发挥出色的玉杰，也取得了一个不错的名次。

从玉杰的案例中可以看出，父母做好孩子的后盾，能够让孩子变得坚强、自信起来，当他们拥有了能够克服困难的毅力和意志时，成功就离他们不远了。

做好孩子的后盾，请记住这几点

充当孩子坚强后盾的父母，是孩子背后的"大山"，也是孩子心灵的"避风港"，更是他们奋勇前行的力量源泉。当他们感觉到背后有来自父母的深沉的爱和支持时，他们就能够有满满的安全感和自信心。因为孩子知道，无论遇到任何难题，有父母的陪伴和鼓励，他们就什么都不用怕，只管大胆地阔步昂首前进就行了。

对于父母来说，在陪伴孩子成长的过程中，如何做好孩子的坚强后盾是需要考虑的问题。

当孩子焦虑恐慌时，父母一定要做到平和冷静

孩子因为年龄和经历的原因，他们的心智还处于发育期，在遇到挫折或困难局面时，难免会惊慌失措。但无论孩子如何手足无措，父母一定要表现得平和冷静、不慌不忙。

情绪镇定的父母，自然会给孩子传递出沉着从容的信号，告诉他们有父母在不用害怕，大家共同去面对。这样做，能够让孩子尽快安下心来，调整状态迎接即将到来的挑战。

当孩子犯了错误时，父母少指责，多理解

生活中，孩子常会犯这样或那样的错误，并留下一个"烂摊子"让父母去处理。面对这一局面，着急生气没有多大的用处，批评指责孩子，也不是解决问题的好办法。

正确的方式是，父母要告诉孩子，错了就错了，逃避是懦夫的行为，勇于承担责任才是好孩子。得到了父母的理解，孩子的心理负担也会大大减轻，他们会更有勇气去面对所犯下的错误。

当孩子要放弃时，父母应伸出援助之手，和孩子共同面对

一些孩子在挫折和失败面前，往往会产生畏惧放弃的心理。这时作为孩子坚强后盾的父母，应当鼓励孩子，和他们一起分析失败的原因，寻求解决的办法，鼓励孩子一切都会好起来的。有了父母的帮助和指导，孩子自然会重新燃起斗志，不再有半途而废、灰心沮丧的举动。

　　无论何时，父母请记住的是，一定要和孩子保持良性的互动，和他们同向而行、并肩前进，扮演好孩子的守护者、倾听者、欣赏者、支持者的角色，始终让孩子有足够的心理力量去面对人生成长路上的各种挫折与挑战。

多孩家庭，用心呵护每一个孩子

伴随着"二孩""三孩"政策的实施，一些家庭也迎来了新的家庭成员，当老二或老三新加入家庭时，亲子关系也就相应地有了微妙的变化。如何公平公正地对待每一个孩子，如何照顾好大孩的情绪，如何妥善处理孩子之间的纷争，做到"一碗水端平"，就成了多子女家庭中所要面临的重大挑战。

不要让孩子产生"爸爸妈妈不爱我"的错觉

在独生子女家庭中，父母会把所有的爱和关怀全部给予家里唯一的一个孩子。

在多子女家庭中，情况就会发生变化，孩子多，父母需要对每个孩子都分出一定的精力，一旦没有做好"平衡"，或者是让孩子感觉到父母"偏心"了，就会致使亲子间产生隔阂。

茵茵九岁的时候，父母又给她生了一个小弟弟。弟弟刚出生的时候，茵茵既兴奋又高兴，每天早上一起来，她都会第一时间跑到父母的房间，好奇地看一看粉嫩可爱的小弟弟。

不过随着弟弟渐渐长大，茵茵慢慢感觉受到了父母的"冷落"。在她眼里，父母陪伴弟弟的时间，要远远多于陪伴她的时间。以前家里就茵茵一个孩子的时候，她是父母心中"唯一的小公主"，是家庭的中心，爸爸妈妈都围着她转，想尽办法满足她的一切要求。

然而，现在情况好像发生了很大的变化。比如，弟弟玩玩具，茵茵也想拿过来玩。妈妈就会用"偏袒"的语气说："弟弟还小，你是大姐姐，要学着让着弟弟。"

有时候遇到节假日，茵茵想要爸爸妈妈陪她去外面玩。可是爸爸妈妈会推辞说照顾弟弟太累了，晚上总是睡不好，想要在家休息，等有时间再带她去公园、游乐场。

最让茵茵伤心的是，有一天夜里，弟弟突发高烧，被吓坏的爸爸妈妈匆忙开车带弟弟去医院，留下茵茵一个人在家里。

虽然中间爸爸不断打电话询问茵茵在家的情况，但是毕竟这是茵茵第一次深夜独自在家，她也担心害怕。等到后半夜，爸爸、妈妈拖着疲惫的身体从医院回来时，茵茵的情绪一下子爆发了，委屈地大哭了起来，说爸爸妈妈太偏心了，一点儿都不爱她了。

爸爸赶忙把茵茵揽在怀里，好言安慰她，并告诉茵茵，爸爸妈妈不是不疼爱茵茵，无论什么时候，茵茵都是他们最可爱的小公主，只是现在弟弟还小，需要分出很多精力照顾他，忽略了茵茵的心理感受。

最后爸爸还和茵茵"约法三章"：保证和爱弟弟一样去爱茵茵；弟弟有什么，茵茵也一样不缺；每星期都会抽出时间，一家人去外面游玩聚餐。听到爸爸这样说，茵茵这才解开了心结。

多子女的家庭，父母要充分照顾好每一个孩子的情绪，不能顾此失彼，否则就会像案例中的茵茵一样，心里很快就会有阴影，觉得父母不爱她了。

面对多个孩子，聪明的父母都这样做

子女多的家庭，父母教养孩子时，就是要营造出一个平等、公平、有爱的家庭氛围，用心关爱每一个孩子。聪明的父母，他们常常会这样去做。

照顾每一个孩子的情绪感受，不相互比较

多子女的家庭里面，每一个孩子的性格都各不相同，有的乐观开朗一些，有的则沉稳内向一些。

作为父母，不能当着孩子们的面，对他们进行比较和评价，那样做，会让被贬低的孩子情绪失落，不利于他们的身心健康

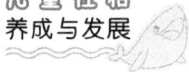

成长。

给予所有孩子同等的爱，不厚此薄彼

孩子多了，每一个孩子都要耗费父母一定的精力。相对来说，父母会把精力相对多地放在年龄小一些的孩子身上，陪伴时间也会相对多一些。

而大一点的孩子，看到这种情况后，心理很容易失衡，进而产生焦虑、不安等负面情绪。因此，父母要能及时察觉到孩子的情绪变化，并尽量给他们相同的爱，不让孩子有"父母偏心""不爱我了"等负面想法。

有时如果二孩或三孩年龄太小，需要分出更多的精力去照料他们，父母也应多向大一点的孩子解释原因，寻求他们的理解，同时提高对大孩子的陪伴质量，比如睡前讲故事、做游戏等，让他们"吃醋"的心理获得补偿。

在子女间制定规则，发生冲突时父母裁判要公正

家里孩子多了，难免会在一起玩耍、打闹。父母要告诉孩子的是，游戏归游戏，打闹归打闹，但不许闹别扭，兄弟姐妹之间，要懂得迁就和包容。

当然，有时候孩子间避免不了会发生小摩擦，他们为了寻求支持，也会跑到父母跟前"告状"，请求大人主持"正义"。

面对这一局面，父母不要急着评判他们之间的是非对错，而是先让孩子们一个个说明事情的原委，再尽可能做出最为公正的评判。如果问题不大，也可以引导孩子们自行协商解决。

其实很多时候，孩子之间的矛盾，都是一些鸡毛蒜皮的小事情，用不了多久，他们的小冲突就会烟消云散了。父母尽量不介入，才是最为明智的做法。

参考文献

[1]《培养青少年受益一生的好性格》编写组.培养青少年受益一生的好性格 [M].广州：广东世界图书出版公司，2010.

[2]60 分妈妈月华.别等孩子长大了才后悔你现在做得太多 [M].北京：机械工业出版社，2016.

[3] 蔡万刚.孩子，你的性格我在乎 [M].北京：中国华侨出版社，2020.

[4] 承良.把话说到孩子的心里去 [M].呼和浩特：远方出版社，2015.

[5] 程秀兰，董爱国，苏晓奇.学前儿童发展心理学 [M].西安：陕西师范大学出版社，2018.

[6] 戴东.这样培养孩子才优秀：家长必修的 12 堂课 [M].北京：北京联合出版公司，2015.

[7] 丁太魁.学前儿童家庭教育 [M].北京：北京师范大学出版社，2016.

[8] 高雪梅.儿童心理健康 [M].重庆：西南师范大学出版社，2012.

[9] 郭莹莹 . 孩子不应该这样教 [M]. 重庆：重庆大学出版社，2011.

[10] 郭志刚 . 好孩子不是惩罚出来的：优秀家长的教育方法 [M]. 北京：北京工业大学出版社，2013.

[11] 何德兰 . 儿童心理卫生 [M]. 北京：人民卫生出版社，1991.

[12] 觉先 . 儿童性格密码 [M]. 北京：中国华侨出版社，2020.

[13] 金凤 . 如何学会与孩子高效沟通 [M]. 北京：中国商业出版社，2018.

[14] 李丹 . 父母这么管，孩子最幸福 [M]. 北京：北京工业大学出版社，2013.

[15] 李学军 . 儿童心理学：儿童微表情与微行为心理速查手册 [M]. 北京：中国国际广播出版社，2017.

[16] 刘美芳 . 你其实不懂儿童心理学 [M]. 北京：北京理工大学出版社，2018.

[17] 刘卿松 . 父母决定孩子一生 [M]. 天津：天津科学技术出版社，2008.

[18] 刘淑霞 . 不吼不叫的家教智慧 [M]. 南昌：百花洲文艺出版社，2014.

[19] 罗家法 . 做一个合格的父母 [M]. 青岛：青岛出版社，2009.

[20] 蒙谨 . 正面教养 [M]. 北京：中国友谊出版公司，2020.

[21] 潘月俊，王琴 . 给年轻父母的 100 条建议 [M]. 南京：江苏科学技术出版社，2006.

[22] 珊瑚海 . 儿童逆反心理学 [M]. 成都：四川科学技术出版社，

2018.

[23] 宋洁. 好妈妈胜过好老师：实践版 [M]. 北京：中国华侨出版社，2015.

[24] 王占伟. 跟 55 位名人学家风家教 [M]. 北京：中国纺织出版社，2018.

[25] 文静. 儿童心理学：破解孩子的语言及行为密码 [M]. 天津：天津人民出版社，2018.

[26] 闻言，汤昕. 不吼不叫教出好孩子 [M]. 北京：中国妇女出版社，2009.

[27] 夏风竹. 好孩子应该这样教：好家长教出好孩子 [M]. 北京：中国商业出版社，2012.

[28] 晏明. 揭秘九型人格 [M]. 郑州：中原农民出版社，2011.

[29] 尹红婷. 成为智慧型家长 [M]. 北京：北京日报出版社，2018.

[30] 于秀. 问题男孩成长方案 [M]. 北京：新世界出版社，2013.

[31] 余伟，刘艳. 儿童习惯养成全书 [M]. 北京：华夏出版社，2012.

[32] 张春霞. 给孩子最好的教育 [M]. 北京：中国纺织出版社，2012.

[33] 张振鹏. 别让你的功利心害了孩子 [M]. 北京：机械工业出版社，2013.

[34] 赵喜堂. 为了孩子，请让观念转个身：现代父母家庭子女教育思想谈 [M]. 成都：西南交通大学出版社，2017.

[35] 朱闻哲. 家庭教育学 [M]. 北京：清华大学出版社，2020.

[36] 子曰诗云 . 0～6 岁给孩子一个好习惯 [M]. 成都：四川科学技术出版社，2018.

[37] 梁丽丽 . 从"关注成功"走向"引领成长"[J]. 中小学校长，2017（12）：36-39.

[38] 罗燕 . 多子女家庭，教育难题咋破解 [J]. 民生周刊，2022（2）：42-43.

[39] 田树立 . 让孩子独立 [J]. 农村青少年科学探究，2017（10）：46.

[40] 肖晓玛 . 心理营养，孩子成长的阳光 [J]. 基础教育研究，2001（3）：41-42.